汉竹主编●健康爱家系列

享瘦轻食

light meals

鱼菲 著

汉竹图书微博
http://weibo.com/hanzhutushu

江苏凤凰科学技术出版社
全国百佳图书出版单位

PREFACE　推荐序

　　和鱼菲先生相识多年，老实说，我对这个又帅又努力的男人佩服不已。首先我要强调，鱼菲先生可不是靠脸吃饭的那种艺人，相反，鉴于鱼菲先生在烹饪方面的投入，他简直称得上是匠人，要不是看他脸上尚缺几条皱纹和几缕白胡须，我恨不得把"简直"二字去掉。

　　相熟的从事美食工作的朋友，接近三位数，但平心而论，鲜有鱼菲先生这样的全能选手。

　　像我自己，就只知吃吃吃，对厨艺一窍不通，看我的书，绝对学不会做菜。鱼菲先生则不同，他中西皆能贯通，烘焙更是拿手好戏，很受"粉丝"们的青睐。

　　当今轻食的理念深入人心，不少朋友有开店的打算。来问我的意见，我总是两手一摊，不知如何回复，但从今以后，改为推荐鱼菲先生的这本新书。轻食店主可以看这本书，照做就是了，包你生意兴隆。

　　书名叫作《享瘦轻食》，有个"瘦"字，年轻读者一定喜欢，问题是大肚如我者写序，真的会有说服力吗？

　　自我安慰，也许是鱼菲先生暗中鞭策，等我照本实践，瘦个三五斤后再向大家报告吧。

美食作家 @ 老波头

2019.1.12

PREFACE

自 序

近些年，许多朋友问我，时间在我身上行走的速度为何如此缓慢。自想时光轮转浅缓的原因，大概是和善待人接物、生活自律，抑或是工作之外的三餐都以轻为食，久而久之，便让心态与容貌都轻了起来。

轻食的"轻"，并非传统蔬果凉拌而得的沙拉，清幽素雅得让胃纤尘不染。轻食的"轻"，也绝非是平日里节食时让人难以下咽的瘦身套餐。我常品尝到的轻食，是阳光亲沐、营养均衡的膳食。"轻"是一种零负担的身体状态，是拒绝高热量、高脂肪和高碳水化合物的摄入。

轻食的"轻"，亦是一种色香味形之外的第五感，那种从内至外、五感全开的体验就像歌手陈鸿宇演唱的那首《一如年少模样》中写的那样：难予疏淡／难在得失／难是求而不得／一如彷徨／一如年少时模样。

希望所有朋友，可以通过这本"零负担低脂膳食身体管理手札"，将健康饮食寄情于晨午日暮之间，感受步伐渐渐似古琴声那般清远如流，身体轻盈。让文艺不只放映于荧幕上，而是从容淡泊地出现在每一餐的轻食中。

如果你想让时间在身上停留的印迹轻一些，不妨尝试一下轻食生活，平淡持久的诚心相待，山花朗月自将越过时光伴你左右。

2019.1.10

CONTENTS

目 录

PART 1 低热量主食

PART 2 增肌减脂肉食

PART 3 瘦身沙拉

PART 4 轻便当

PART 5 元气三明治

PART 6 活力代餐杯

PART 7 健康茶点

PART 8 能量果蔬汁

PART 1

低热量主食

时间：10分钟　份量：1人份

甜虾刺身饭

热量	804 千焦
	192 千卡

蛋白质
14 克

脂肪
6 克

碳水化合物
30 克

食材

谷物类

米饭　　　1小碗（约100克）

肉禽蛋奶

甜虾　　　　　　　　8只

调料

酱油　　　　　　　　1勺
芥末　　　　　　　　少许
紫苏叶　　　　　　　1片

Tips

甜虾食用前可放在冰箱冷藏室里解冻，不要用温水、热水长时间浸泡，这样容易失去甜虾的鲜糯口感，也不要放入盐水中浸泡。

步骤

❶ 紫苏叶用清水洗净；甜虾解冻洗净备用；其他食材备用。

❷ 将紫苏叶平铺在米饭上，紫苏叶上放少许芥末。

❸ 将甜虾码放在紫苏叶上，食用前淋上酱油拌匀即可。

时间：30分钟　份量：1人份

芒果藜麦饭

热量 1377 千焦	蛋白质 15 克	脂肪 7 克	碳水化合物 60 克
329 千卡			

食材

谷物类

藜麦	1小碗（约70克）

蔬果

芒果	1个
芹菜段	1把
蔓越莓干	1小撮（约10克）
洋葱末	少许

酱汁

盐	少许
芥末	少许
贝壳醋	1勺
橄榄油	少许
黑胡椒粉	少许

Tips

清洗藜麦时，将其放在大碗中，置于水龙头下用流动的水反复冲洗几次。因为藜麦子粒外层有一层皂角苷，皂角苷是锁住藜麦营养的保护伞，略有苦涩味，用水浸泡一下不仅能去除皂角苷，还能令煮出的藜麦饭口感软糯微甜。

步骤

① 藜麦洗净，浸泡2小时；蔓越莓干、芹菜段、洋葱末、芒果洗净备用。

② 藜麦放入锅中，加2杯纯净水（藜麦和水的比例约为1:2）。

③ 大火煮开转小火，煮10~12分钟，再转大火收水分，盛出放凉。

④ 芹菜段入沸水锅中焯烫2分钟，捞出，切碎。

⑤ 芒果去皮，纵向切开，去核，再切小块。

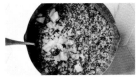

⑥ 将处理好的蔬果与藜麦混合，淋上拌匀的酱汁即可。

西班牙海鲜烩饭

搭配
番茄红花酱

热量 1955 千焦	蛋白质 17克	脂肪 1克	碳水化合物 78克
467 千卡			

食材

谷物类

西班牙短圆米	100克

蔬果

柠檬	1个

肉禽蛋奶

熟基围虾	4只
花蛤	10只
鱿鱼圈	8个

调料

洋葱	1/2个
小红椒	3~5个
葱花	1小撮
姜	1块
欧芹碎	少许
海鲜饭红椒粉	适量
藏红花	7~8根
番茄酱	3勺
蒜蓉	适量
白葡萄酒	100毫升
橄榄油	1勺

Tips

海鲜锅的大小和米饭的量影响煮饭的时间,为避免米饭焦糊,米饭摊平后浅浅铺满锅底为最佳。

步骤

① 熟基围虾去除虾线;鱿鱼圈留4个备用,剩下的切丁;花蛤焯水,待开口后捞出备用;洋葱和姜切碎备用。

② 热锅冷油,放葱花、姜末、蒜蓉爆香后,小火将洋葱丁、蒜末、欧芹碎煸炒出香味。

③ 放入西班牙短圆米,再倒入藏红花、番茄酱和红椒粉,翻炒均匀后倒入一半白葡萄酒。

④ 中火翻炒均匀,转小火盖上锅盖焖2分钟,待水分蒸发米饭变稠,倒入剩下的白葡萄酒。

⑤ 再翻炒一次,盖上锅盖小火焖2分钟,放入鱿鱼丁拌匀后,在米饭上堆放好基围虾和鱿鱼圈,送入预热180℃的烤箱中层。

⑥ 盖上锅盖烤5分钟取出,在鱿鱼圈内放入花蛤,再次放入烤箱,不加盖,继续烤2~3分钟,取出后摆放上切瓣的柠檬,撒欧芹碎即可。

时间：30分钟　份量：1人份

冬阴功鸡肉饭

热量 1339 千焦	蛋白质 17 克	脂肪 2 克	碳水化合物 40 克
320 千卡			

食材

谷物类

米饭	80克

肉禽蛋奶

鸡里脊肉	100克

蔬果

西蓝花	50克
胡萝卜	60克
红甜椒	20克
西芹	1小段

调料

香茅	5根
黑芝麻	少许
冬阴功酱	2勺
番茄沙司酱	2勺
黄酒	2勺
盐	少许
白糖	少许
淀粉	6克

（淀粉加水15克拌匀成水淀粉）

Tips

鸡里脊肉鲜嫩，注意烹煮时间和火候，根据实际情况调整。喜欢香气更加浓郁的，可以在煸炒鸡肉时加入洋葱片，一同烹煮。

步骤

① 香茅叶茎切开，放入锅内，倒入500毫升清水；大火煮沸，转中小火煮5分钟，待香味出捞起香茅。

② 鸡里脊肉切3厘米左右小块，黄酒腌渍10分钟。

③ 另起锅，热锅冷油，放入鸡肉爆炒至断生。

④ 将冬阴功酱、番茄沙司酱调入香茅水中，放入胡萝卜，中火煮5分钟。

⑤ 加盐、白糖调味，放入鸡肉，中火煮1分钟，倒入水淀粉糊，大火搅拌勾芡；煮约1分钟，至汤汁变稠即可，倒入碗中。

⑥ 切好的西蓝花和西芹焯熟，放入碗中，柠檬取皮切丝装饰。

⑦ 米饭捏成团，放入碗中，饭团上再撒上黑芝麻即可。

时间：30分钟　份量：1人份

海味鱼松饭

热量　1093 千焦	蛋白质 18 克	脂肪 5 克	碳水化合物 31 克
261 千卡			

食材

谷物类

米饭　　　　1碗（约100克）

肉禽蛋奶

三文鱼　　　1碗（约50克）

调料

味淋　　　　1碗（约50克）

日式拌饭料　　　　　适量

木鱼花　　　　　　　少许

Tips

三文鱼本身含有丰富的油脂，所以炒制时无须再放油。尽量选用不粘锅来烹炒三文鱼，并且全程最好是开小火，以免炒糊。

步骤

① 三文鱼切块，放在味淋中浸泡腌渍约10分钟。

② 热锅倒入三文鱼和味淋，翻炒至三文鱼全熟。

③ 将三文鱼肉盛出，放入碗中揉碎。

④ 不粘锅烧热，倒入三文鱼肉碎，小火慢慢翻炒，中途用铲子揉搓鱼肉，直至鱼肉变得蓬松。

⑤ 将日式拌饭料与鱼松混合拌匀，铺在米饭上，撒上木鱼花。

时间：20分钟　份量：1人份

石锅雪花和牛丼

热量	1716 千焦	蛋白质 17 克	脂肪 3 克	碳水化合物 75 克
	410 千卡			

食材

谷物类

米饭	1碗（约100克）

肉禽蛋奶

雪花和牛	5片

调料

蒜头	2瓣
木鱼花	1小撮
姜末	1小撮
生抽	6勺
白糖	1勺
芥花子油	1勺

Tips

和牛片切成0.5厘米薄片。
为突出牛肉本身的香味，
不推荐使用橄榄油、黄油，
用芥花子油为宜。

步骤

① 雪花和牛片提前室温解冻；米饭提前加热。

② 蒜头去皮，洗净拍碎，切成末。

③ 锅中倒少量清水，加木鱼花小火煮沸，泡5分钟，取汤汁，倒入碗中。

④ 汤汁的碗内倒入生抽，加姜蓉、蒜末、白糖，搅拌均匀，放入和牛片，10秒后捞出。

⑤ 石锅烧热，刷芥花子油，放入和牛片，每一面各煎10秒，盛出。

⑥ 倒入汤汁，大火收汁。热米饭上放和牛肉片，淋上酱汁即可。

时间：15分钟　份量：1人份

三文鱼波奇饭

热量	1524 千焦	蛋白质 33 克	脂肪 11 克	碳水化合物 26 克
	364 千卡			

食材

谷物类

泰国香米饭　1碗（约80克）

蔬果

牛油果	1/4个（约15克）
洋葱丁	1小碟（约30克）
红椒	1个（约30克）
柠檬	2片

肉禽蛋奶

三文鱼	1块（约120克）

调料

油醋汁	2勺
柠檬盐	少许
芥花子油	2勺
罗勒叶	少许

步骤

① 准备好食材，红椒、牛油果洗净再切丁，其他食材洗净备用。

② 红椒丁、牛油果丁与洋葱丁混合，放入倒有油醋汁的搅拌碗中拌匀备用。

③ 条纹锅内（也可用不粘锅）刷油烧热，三文鱼每个方向各煎30秒，翻面煎，撒上柠檬盐调味。

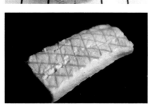

④ 将三文鱼放在提前加热好的米饭上，铺上备好的蔬果丁，缀上柠檬片和切碎的罗勒叶即可。

时间：10分钟　份量：1人份

茉莉花味噌茶泡饭

热量	749 千焦
	179 千卡

蛋白质	脂肪	碳水化合物
7克	1克	28克

食材

谷物类

米饭	1碗（约100克）
水果麦片	1勺

调料

茉莉花茶	5克
味噌	1勺
芥末	少许
葱花	少许

Tips

不喜欢芥末的刺激口感，也可以用姜末替代。水果麦片推荐使用卡乐比，富果乐水果麦片在泡饭中即使搅拌后也不会立刻变软，入口香脆。如果喜欢清甜口味的泡饭，可以将富果乐水果麦片替换成蔓越莓干，口感也相当不错。

步骤

① 将米饭捏成2个饭团分别放入碗中，其他食材备用。

② 茉莉花茶放入杯中，用90℃开水冲泡10~12秒，倒出茶汤。

③ 将茉莉花茶的茶汤沿着边缘缓缓倒入碗中，放入味噌和芥末。

④ 饭团表面撒上水果麦片和葱花即可。

羊排时蔬通心粉

搭配
樱桃莎莎酱

羊排可于前一晚腌制，滋味更佳。也可以提前把羊排上多余的肉剔下来炒制，即将出锅时直接加入胡萝卜和蘑菇一同翻炒一会儿，装盘食用。

热量 1699 千焦	蛋白质 38 克	脂肪 28 克	碳水化合物 4 克
406 千卡			

食材

谷物类

通心粉	80克

蔬果

胡萝卜	1根
蘑菇	6个
树番茄	1个
宽叶菠菜	4片

肉禽蛋奶

羊排	2根

羊排调料

生抽	2勺
柠檬蜂蜜	1勺
葱花	2勺
孜然	1勺
姜末	1勺
蒜蓉	1勺

意面调料

杏果酱	1勺
番茄酱	3勺
甜辣酱	1勺
盐	2勺
橄榄油	1勺

时蔬调料

盐	1/2小勺
黑胡椒碎	1勺
生抽	1勺
橄榄油	1勺

步骤

① 羊排提前室温解冻，洗净擦干水分；胡萝卜、蘑菇、菠菜和树番茄洗净，其他食材备用。

② 羊排调料用纯净水（5勺）混合好后，均匀涂抹在羊排上，腌制1小时。

③ 胡萝卜、蘑菇切片。煮一锅水，放入意面调料中的盐、橄榄油；煮沸后放入通心粉，煮9~10分钟，捞出沥干。锅中放入菠菜焯水10秒，捞出沥干入盘。

④ 另起锅，放入其余意面调料，加5勺纯净水；将番茄去皮取肉，放进锅内一起翻炒均匀；放入通心粉后，中火翻炒至充分吸收酱汁，盛出。

⑤ 油锅烧热，胡萝卜入锅翻炒断生，加蘑菇片炒熟，加盐、黑胡椒碎、生抽调味，出锅装盘。锅内留油，烧至七成热，羊排有脂肪的一面朝下，中小火煎熟后两面再各煎1分钟，盛出。

⑥ 把腌制羊排的料汁倒入锅中，中火煮沸，羊排再次入锅，两面裹上酱汁后出锅装盘，羊排四周摆上拌好的通心粉和炒好的蔬菜即可。

蟹肉蔬果意面

搭配
青芥香柠
酸奶酱

热量　1687 千焦	蛋白质 16 克	脂肪 1 克	碳水化合物 82 克
403 千卡			

食材

谷物类

通心粉	1 小碗（约 80 克）

蔬果

无子绿葡萄	7 颗
新鲜菠萝块	5 块
芹菜茎	3 根
小红洋葱	2 个

肉禽蛋奶

熟蟹肉条	5 条

酱汁

脱脂酸奶	15 克
青芥末	3~4 克
蛋黄酱	5 克
小青柠	2 个
蜂蜜	2 勺

Tips

若无备用的新鲜蟹肉，可用蟹肉条替代。蟹肉条是模拟蟹腿肉的质感和风味，用鱼糜加工而成的食品。可以将蟹肉条撕成适口大小，这样也能更好地与酱汁、配料混合入味。

步骤

❶ 葡萄、芹菜茎和小红洋葱清洗干净备用；熟蟹肉条、通心粉、菠萝块备用。

❷ 将通心粉倒入沸水锅中，煮 8~10 分钟，捞出后，放入冷水碗中过凉备用。

❸ 将洗净的葡萄去皮，对半切开；菠萝块切成薄片后再切丁。

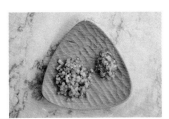

❹ 芹菜茎切碎；小红洋葱切细末。

❺ 将酱汁列表中的食材倒入碗中（其中的小青柠，一个刨皮切碎，另一个对半切开，挤出青柠汁滴入碗中），混合拌匀成青芥香柠酸奶酱。

❻ 将备好的蔬果粒与煮好的通心粉装碗，放入熟蟹肉条，倒入准备好的酱汁，拌匀即可。

时间：30分钟　份量：1人份

凉拌荞麦面

热量	1729 千焦	蛋白质 21 克	脂肪 3 克	碳水化合物 78 克
	413 千卡			

食材

谷物类

荞麦面	100克

蔬果

洋葱丝	1小撮
青甜椒	1/2个

肉禽蛋奶

墨鱼片	1小盘（约50克）

调料

橄榄油	1勺
熟白芝麻	1小勺

酱汁

蜂蜜	1小勺
生抽	1勺
青芥末	少许
姜末	1小勺
意大利黑醋	1勺

步骤

① 青甜椒、墨鱼片洗净，沥干水分；荞麦面、洋葱丝和熟白芝麻备用。

② 荞麦面放入沸水中，煮6~8分钟，捞出放入冷水碗中过凉备用。

③ 墨鱼片切成细丝；青甜椒去子后切丝。

④ 热锅内倒入橄榄油，先将洋葱丝煸香，然后再加入青甜椒丝与墨鱼丝，翻炒至熟，盛出装盘。

⑤ 将荞麦面沥水，放入盛有洋葱丝、青甜椒丝与墨鱼丝的盘中，撒上熟白芝麻，拌入调匀的酱汁即可。

时间：30分钟　份量：1人份

蛤蜊青酱意面

热量	1758 千焦	蛋白质 13 克	脂肪 5 克	碳水化合物 79 克
	420 千卡			

食材

谷物类

意式扁面	100克

肉禽蛋奶

蛤蜊	10个

调料

盐	1小勺
大蒜	2瓣
松子仁	少许
黑胡椒粉	少许
橄榄油	2勺
新鲜罗勒叶	1小把（约20克）

Tips

蛤蜊味道鲜美，是很多人喜爱的海产品。市场上刚买回来的蛤蜊，要先在水中浸泡一天左右，让其充分吐出泥沙，然后用刷子刷洗干净。为了保证风味，自制青酱最好适量选材，现做现用。

步骤

❶ 蛤蜊刷洗干净；罗勒叶洗净，沥干水分；意式扁面、大蒜、松子仁备用。

❷ 意式扁面加入沸水中，煮8~10分钟；热锅冷油，放入蛤蜊，加入盐，轻轻翻炒，再加水，煮至蛤蜊壳开口，盛出装碗。

❸ 将调料列表中的所有食材倒入料理机中，混合打碎成青酱。

❹ 将青酱倒入碗中，取适量拌入扁面并均匀搅拌，再放上炒好的蛤蜊即可。

荞麦时蔬比萨

热量	2537 千焦	蛋白质 17 克	脂肪 15 克	碳水化合物 102 克
	606 千卡			

食材

谷物类

菠菜饼皮	1 片
荞麦面	1 小碗（约 60 克）

蔬果

熟南瓜片	3 片
熟玉米粒	2 勺
小番茄	3 颗
混合沙拉菜	1 小把

肉禽蛋奶

鸡蛋	1 个
熟鸡胸肉	3 片

酱汁

番茄酱	适量

Tips

超市里一般会有多种口味的薄饼饼皮供选。种类不同，烤制薄饼的时间也会不同，除了看包装说明，一定要根据实际的火候等灵活把控，薄饼微微变脆即可取出。

步骤

❶ 将新鲜蔬果清洗干净，其余食材备用。

❷ 将鸡蛋放入水锅煮约 10 分钟，煮熟后捞出放入冷水，浸泡 3 分钟。

❸ 捞出放凉后的鸡蛋，去壳横向切薄片备用。

❹ 小番茄对半切开备用；熟鸡胸肉切片备用。

❺ 菠菜饼皮摊放在烤盘上，涂抹上番茄酱，再铺上荞麦面，放入预热 180℃ 的烤箱中烤 6~10 分钟。

❻ 将烤好的饼皮拿出后，铺上备好的蔬果、鸡胸肉和鸡蛋，装盘即可。

莎莎酱培根意面

搭配
樱桃莎莎酱

在西班牙语中，"salsa"意为"酱"，意思是将更多的味道、颜色、成分混合在一起的酱料，常译为"莎莎酱"。这款神奇的调味料，使多种味道恰到好处地融合在一起，意面的口感凭借这份独特的味道也有了一种浓郁的异国风味。

热量 1959 千焦	蛋白质 29 克	脂肪 7 克	碳水化合物 66 克
468 千卡			

食材

谷物类

意大利面	80 克

蔬果

青甜椒	1/2 个
洋葱	1/4 个
白蘑菇	5 个

肉禽蛋奶

培根	4 片

调料

盐	少许
橄榄油	少许
迷迭香	少许

酱汁

番茄沙司	1 勺
樱桃莎莎酱	2 勺

步骤

❶ 洋葱、青甜椒和白蘑菇洗净，沥干水分；意大利面和培根片备用。

❷ 意大利面放入沸水锅中，加盐和橄榄油，煮8~10分钟后捞出，放入冷水中浸泡3分钟后捞出放搅拌碗内。

❸ 白蘑菇切薄片；青甜椒去子，切成块；洋葱切成细条。

❹ 锅烧热，无需放油，放入培根片，将两面煎至金黄，出锅后放在厨房纸上沥油，放凉后切块。

Tips

煮意大利面时，加入少许橄榄油，这样意大利面出锅后不会成团粘在一起。

❺ 锅内留有培根煸出的油，先将洋葱条倒入煸香，再倒入蘑菇片翻炒，最后放入青甜椒块翻炒至熟，出锅。

❻ 将备好的食材倒入搅拌碗，与意大利面混合，加入樱桃莎莎酱与番茄沙司拌匀调味，缀上迷迭香即可。

PART 2

增肌减脂
肉食

时间：50分钟　份量：1人份

香橙烤鸭胸

搭配
香橙柠檬汁

热量 1884 千焦	蛋白质 61 克	脂肪 9 克	碳水化合物 45 克
450 千卡			

食材

蔬果

香橙	1个
芹菜	3根
黄柠檬	1/2个
腌柠檬（咸）	1/2粒
樱桃果干	少许

肉禽蛋奶

无皮鸭胸肉	150克

坚果

核桃仁	少许

调料

味淋	20毫升
海盐	适量
橄榄油	适量
黑胡椒粉	适量
迷迭香香料	少许

Tips

因鸭胸肉表皮中的油脂过多，所以建议选用去皮鸭胸肉；或者先将鸭胸肉的皮去除后再烹饪，去除时建议先用开水烫一下。

步骤

① 芹菜、鸭胸肉洗净；香橙、黄柠檬、腌柠檬、樱桃果干和核桃仁备用。

② 鸭胸肉用味淋、海盐、黑胡椒粉和迷迭香香料涂抹均匀，腌制10~15分钟。热锅冷油，用大火煎鸭胸肉，两面各煎90秒。

③ 烤箱预热180℃，将煎好后的鸭胸肉放在垫有油纸的烤盘上，放入烤箱，中层烤8~10分钟。

④ 香橙对半切开，其中半个香橙去皮、去瓤、切片、摆盘；腌柠檬切碎，分两份备用。

⑤ 另半个香橙挤出橙汁，和黄柠檬挤出的柠檬汁混合，加入黑胡椒粉、一半腌柠檬碎和橄榄油，放料理机中，搅打成香橙柠檬汁。

⑥ 芹菜切段后放入水锅焯水，取出后放入搅拌碗，与另一半腌柠檬碎、核桃仁和樱桃果干混合拌匀，装盘。

⑦ 烤制好的鸭胸肉冷却后切片，和香橙片叠放在装有杂蔬坚果的盘中，淋香橙柠檬汁即可。

烤鸡胸羽衣甘蓝

搭配
茄味香茅
甜辣酱

热量 1771 千焦	蛋白质 42 克	脂肪 13 克	碳水化合物 32 克
423 千卡			

食材

谷物类

吐司	1 片

蔬果

羽衣甘蓝	20 克
小番茄	4 个

肉禽蛋奶

鸡胸肉	1 块（约 150 克）
白煮蛋	1 个

酱汁

酸奶	1 勺
柠檬汁	1 勺
番茄酱	1/2 勺
香茅甜辣酱	2 勺
黑胡椒粉	少许
盐	少许

调料

香茅	3 根
迷迭香	5 克
橄榄油	少许
味淋	1 小碗

Tips

新鲜的香茅可以在生鲜超市选购。它散发着柠檬香气，和鸡胸肉一起烤制，清香四溢。

步骤

① 鸡胸肉洗净后用味淋腌渍 1 小时，蔬果清洗干净，沥干水分；吐司、白煮蛋备用。

② 不粘锅不放油，放入鸡胸肉，将鸡胸肉煎至两面金黄，盛出。白煮蛋竖向一分为四。用刀将吐司四边去掉，然后切成小方块。

③ 香茅切段拍扁，铺在锡纸上，再放上鸡胸肉和迷迭香，并将锡纸包裹起来。

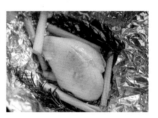

④ 烤箱预热 210℃，小番茄放烤碗中，淋上橄榄油，与鸡胸肉和吐司块一同放入烤箱。烤 4~5 分钟后，先将吐司块取出，再烤 10 分钟后将小番茄取出。

⑤ 鸡胸肉继续烤 15~20 分钟。同时将烤好的小番茄放在吸油纸上，吸去多余油脂。

⑥ 将小番茄、羽衣甘蓝、吐司块和白煮蛋铺在盘中；鸡胸肉切块摆放，酱汁列表中的材料混合均匀后淋在鸡胸肉上即可。

时间：30分钟　份量：1人份

时蔬牛排

宝塔菜即罗马花椰菜，俗称青宝塔，它看上去有点像西蓝花；在口感上，较西蓝花爽甜，搭配牛排食用再完美不过。

热量	1038 千焦	蛋白质 42克	脂肪 2克	碳水化合物 13克
	248 千卡			

食材

蔬果

洋葱	1/4 个
红甜椒	1/2 个
小番茄	10 个
羽衣甘蓝	20 克
宝塔菜	1/8 个
甜菜根苗	1 小把
罐装鹰嘴豆	1 勺

肉禽蛋奶

牛排	1 块（约180 克）

酱汁

盐	少许
姜末	2 克
蜂蜜	1 小勺
柠檬汁	15 克
白胡椒粉	少许
芥末籽酱	15 克

Tips

在家用平底锅煎牛排，所选的牛排厚度在2厘米左右较好；煎好的牛排在切条前要静置3~5分钟是为了锁住肉中的汁液，以免切开后汁液四溢，牛肉变得干柴。

步骤

❶ 红甜椒、洋葱、羽衣甘蓝和宝塔菜洗净，沥干水分；牛排、小番茄备用。

❷ 红甜椒与洋葱切丝，放入沸水锅中焯水断生，捞出。

❸ 宝塔菜切小块，焯水断生，捞出，沥干水分。

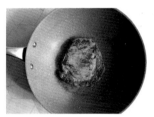

❹ 热锅无油，牛排两面各煎1分钟，盛出后静置3~5分钟再切条。

❺ 将酱汁列表中的所有食材倒入碗中，混合拌匀成酱汁。

❻ 先铺一层红甜椒丝，再放羽衣甘蓝、宝塔菜、小番茄与洋葱丝；铺上切好的牛排，淋上酱汁，放鹰嘴豆、甜菜根苗装饰即可。

香煎比目鱼

搭配
自制红葱酱

热量	712 千焦	蛋白质	脂肪	碳水化合物
	170 千卡	24 克	4 克	12 克

食材

蔬果

柠檬	1/2 个
芦笋	10 根
羽衣甘蓝	1 小把
欧芹叶	1 小把
甜菜根苗	少许

肉禽蛋奶

比目鱼	1 片（约 100 克）

酱汁

白酒醋	3 大勺
白葡萄酒	2 大勺
果糖	2 大勺
红葱碎	10 克
香叶碎	1 片
橄榄油	2 大勺

调料

味淋	1 勺
柠檬汁	1 小勺
白葡萄酒	1 小勺
芥花子油	1 勺

Tips

芦笋焯水的时候，可在水中加入少许油，这样会使芦笋的颜色更加鲜嫩，不易变黄。

步骤

❶ 比目鱼用味淋、白葡萄酒和柠檬汁提前腌制 2~3 小时去腥；芦笋、羽衣甘蓝、欧芹叶、甜菜根苗洗净，沥干水分；柠檬备用。

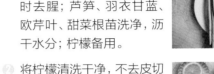

❷ 将柠檬清洗干净，不去皮切成薄片。芦笋去皮，切成段。

❸ 锅内加水烧开，放入芦笋焯水断生。

❹ 热锅，倒入芥花子油，烧热后放入提前腌制好的比目鱼。

❺ 将比目鱼煎至两面金黄，盛出放凉，用吸油纸吸去多余油脂。

❻ 将酱汁材料表中的所有食材混合，拌匀成酱汁。

❼ 芦笋段铺在盘内，放上煎好的比目鱼和柠檬片，铺上羽衣甘蓝、欧芹叶和甜菜根苗，食用前淋酱汁。

香茅土豆迷迭香烤鸡

热量 3596 千焦	蛋白质 80 克	脂肪 65 克	碳水化合物 7 克
859 千卡			

食材

谷物类

切片面包	2 片

蔬果

黄栌瓜	1 个
土豆	3 个
小番茄	4~5 个
柠檬	1 个
香茅	10 根
迷迭香	15 根左右
西芹叶	少许

肉禽蛋奶

琵琶鸡腿	4 个

酱汁

生抽	1 勺
黑胡椒粉	3 勺
蜂蜜	2 勺

调料

杨梅酒	1 勺
盐	2 勺
白糖	3 勺
陈皮碎	1 小勺
黑胡椒粒	少许

步骤

❶ 鸡腿洗净后用牙签在四周戳小孔，再用杨梅酒、盐、黑胡椒粒腌制 2 小时。

❷ 香茅、迷迭香、土豆等食材清水洗净，黄栌瓜、柠檬切片，小番茄对切，其他食材备用。

❸ 土豆去皮切块，放入碗中，纯净水浸没，微波炉中高火加热 16~20 分钟，滗去水。在料理机中放入 1/3 土豆块，压成土豆泥。

❹ 土豆泥中放入黑胡椒粒、盐、白糖、陈皮碎，搅拌均匀，放入小号陶瓷烤盘，面包对切成三角形摆放，缀上柠檬片和西芹叶。

❺ 陶瓷烤盘中垫放上迷迭香和香茅，放上剩下的土豆块，撒上少许盐和黑胡椒粒，与鸡腿、黄栌瓜、小番茄、柠檬片均匀码放。

❻ 将烤盘放于烤箱中层，烤箱预热 210℃，上下火烤 30 分钟。同时将列表中的材料混合，取出烤盘，用刷子在鸡腿表面刷上酱汁，烤 5 分钟。该过程重复 2~3 次，直至鸡腿表面颜色呈金黄色即可。

凤梨鲜虾碗

热量 2394 千焦	蛋白质 64 克	脂肪 13 克	碳水化合物 52 克
572 千卡			

食材

蔬果

凤梨	1/2 个
小南瓜	1 个
洋葱	1/2 个

肉禽蛋奶

鱿鱼（冷冻）	4 条
芝士片	3 片
牛奶	5 勺
虾	12 只

调料

绍酒	2 勺
海盐	1 小勺
白糖	1 勺
黑胡椒粒	1 勺
芝士粉	3 勺

Tips

南瓜泥不要打得太细，留有少许南瓜肉，口感会更好。顶部先放鱿鱼圈再摆放开背虾，这样可以避免烤至过老。

步骤

❶ 凤梨切片后切粒，鱿鱼、洋葱清洗干净。南瓜去皮切块，放入冷水锅大火煮开，转为小火再煮6~8分钟，煮至微软捞出即可。

❷ 虾洗净去头去壳，开背去除虾线，绍酒码匀腌制。鱿鱼身切圈，须切粒，绍酒码匀腌制。

❸ 洋葱放入食物料理机，打成细腻的洋葱粒。

❹ 将煮好的南瓜块和牛奶，以及海盐、白糖、黑胡椒粒放入厨师机内，搅拌后取出。

❺ 将南瓜泥、洋葱粒、鱿鱼须和2/3的凤梨片一同放入陶瓷碗，搅拌均匀，再加入芝士粉搅拌均匀。

❻ 将混合物平铺在陶瓷烤盘内，烤箱预热200℃，送入中层烤10分钟。

❼ 取出后，放上鱿鱼圈、开背虾和剩下的凤梨粒，再送入烤箱，中层200℃烤8分钟，上桌后，撒上黑胡椒粒和海盐调味即可。

时间：30分钟　份量：1人份

芝麻金枪鱼

热量	1134 千焦
	271 千卡

蛋白质 35 克　脂肪 11 克　碳水化合物 10 克

食材

蔬果

混合生菜	1小把
樱桃萝卜	1个
红酸膜草	1小把

肉禽蛋奶

金枪鱼	150克

酱汁

飞鱼子	少许
梅子酒	1勺
蛋黄酱	1勺
日式青芥酱	1勺
鱼生寿司酱油	1小勺

调料

熟黑芝麻1小勺（约20克）

步骤

① 樱桃萝卜切薄片；混合生菜洗净，沥干水分；金枪鱼自然解冻，擦去表面多余的水分；黑芝麻备用。

② 选一个平坦的盘子，黑芝麻装盘，放上金枪鱼。

③ 将金枪鱼的表面均匀裹上黑芝麻。

④ 热锅，无需放油，放入裹有黑芝麻的金枪鱼，大火烧热后转中火，每面各煎60秒盛出，静置3~5分钟，切片。

⑤ 将酱汁列表中的材料混合均匀成酱汁，混合生菜铺满容器，放上金枪鱼片，淋上酱汁，缀红酸膜草装饰。

时间：30分钟　份量：2人份

海鲜能量碗

热量	1699 千焦	蛋白质 82 克	脂肪 10 克	碳水化合物 11 克
	406 千卡			

食材

蔬果

芝麻叶	20克
樱桃萝卜	3个
红酸膜草	4片

肉禽蛋奶

虾仁	8个
贻贝	10个
鱿鱼	2个

酱汁

白醋	3大勺
洋葱末	20克
苹果	1/4个
大蒜	1瓣
盐	少许
橄榄油	少许
黑胡椒粉	少许

Tips

生鲜超市可以购买到已
经去除了内脏切段的鱿
鱼，买回家冲洗一下就
可以切小圈烹煮，如果
想要更便捷一点，可以
直接购买品质好的鱿
鱼圈。

步骤

❶ 鱿鱼、虾仁解冻，用清
水洗净；蔬果洗净，沥
干水分；贻贝刷洗净。

❷ 将鱿鱼肉切成圈状；
用刀将虾仁开背。

❸ 樱桃萝卜切成薄片，
放入纯净水里浸泡5
分钟。

❹ 将鱿鱼圈与虾仁氽熟
后捞出；贻贝氽水，待
其开口后捞出。

❺ 将酱汁列表中的食材
放入料理机中打碎，
过滤，取酱汁备用。

❻ 所有处理好的食材摆
盘，食用前淋酱汁即可。

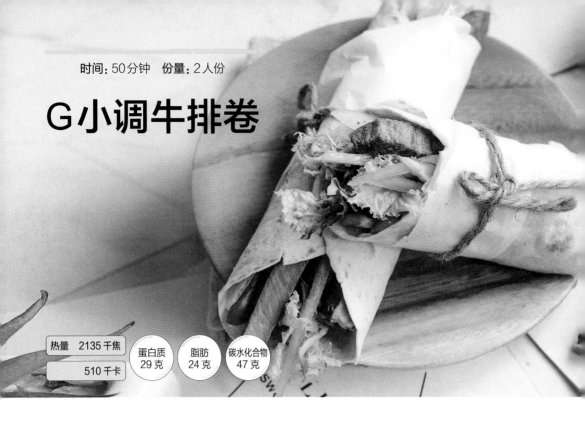

时间：50分钟　份量：2人份

G小调牛排卷

热量 2135 千焦	蛋白质 29 克	脂肪 24 克	碳水化合物 47 克
510 千卡			

食材

全谷物

墨西哥卷饼皮	2张

蔬果

红绿叶生菜 1把（约100克）	
蜜瓜	1小块
青椒	1/2 个
红椒	1/2 个

肉禽蛋奶

牛排	1块

调料

樱桃莎莎酱	2勺

Tips

牛排每面煎制时间须与
牛排厚度一致。

步骤

① 红绿叶生菜洗净，沥干水
分；牛排洗净，擦去表面多
余水分；墨西哥卷饼皮、青
椒、红椒、蜜瓜备用。

② 蜜瓜去皮去瓤后切成细条。
青椒、红椒切成细条，放入
水锅中焯水断生。

③ 热锅烧至轻微冒烟，放入牛
排，每面煎1分钟及时翻面，
四周封边。

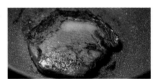

④ 放入盘中静置2~3分钟，稍
凉后切条。

⑤ 饼皮摊开，依次放入生菜、
青椒、红椒条、牛排条和蜜
瓜条，卷起，食用时可蘸取
樱桃莎莎酱。

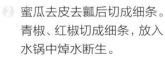

时间：20分钟　份量：2人份

香茅鸡肉串

热量	1925 千焦		蛋白质	脂肪	碳水化合物
	460 千卡		40 克	32 克	38 克

食材

蔬果

青柠	1个
香茅	8根

肉禽蛋奶

鸡肉	250克

香料泥

黄姜	2块
南姜	1块
沙姜	2小块
柠檬叶	2片
独头蒜	2个

调料

盐	适量
黑胡椒碎	适量
橄榄油	适量

步骤

① 姜去皮，蒜去皮，鸡肉切丁。香茅、柠檬叶洗净，其他食材备用。

② 将香料泥列表中所有食材切碎混合，加少量水，用料理机打成泥。

③ 青柠挤汁加入鸡肉丁中，打成鸡肉泥，加调料和香料泥搅拌均匀，摔打6~8分钟上劲。

④ 香茅去除外皮，取30克左右鸡肉泥包裹在香茅粗的一端。

⑤ 放置在涂满橄榄油的平盘里备用。烧烤锅烧热，刷一层油。

⑥ 鸡肉串小火每面烤约3分钟。最后直立烤一下顶端即可。

Tips

这个鸡肉串是巴厘岛风味的，也可以蘸东南亚的甜辣酱，口味更丰富。

PART 3
瘦身沙拉

暖烤双瓜沙拉

搭配
蜂蜜酸奶酱

热量	984 千焦	蛋白质 7 克	脂肪 2 克	碳水化合物 46 克
	235 千卡			

食材

蔬果

茄子	1根
洋葱	1/4 个
南瓜	1/2 个
西葫芦	1/2 个
小红洋葱	2 个
苋菜叶	10 片
樱桃果干	少许
椰子碎片	少许

酱汁

盐	少许
蜂蜜	5 克
芥末籽酱	5 克
原味酸奶	20 克

调料

盐	少许
大蒜	4 瓣
黑胡椒粉	少许
橄榄油	2 大匙

Tips

小红洋葱可能很多人都吃过却叫不出名字，它的外形如同小号的紫色洋葱，在菜市场的干货店可以买到。

步骤

① 大蒜去皮；茄子洗净，切滚刀块；苋菜叶洗净，沥干水分；南瓜、洋葱、小红洋葱和西葫芦备用。

② 用勺子将南瓜的子和瓤挖出，并切成长条。

③ 将西葫芦切成滚刀块；洋葱切条；小红洋葱对半切开。

④ 将处理好的食材装入烤盘，再放上大蒜，淋上橄榄油，撒上盐和黑胡椒粉。

⑤ 烤箱预热，上下火200℃，放入烤盘中的蔬菜烤15~20分钟，同时将酱汁列表中的食材放入碗中，搅拌均匀。

⑥ 取出后摆盘，淋上混合均匀的酱汁，用苋菜叶、樱桃果干和椰子碎片装饰即可。

时间：20分钟　份量：1人份

地中海沙拉

热量 691 千焦	蛋白质 24 克	脂肪 2 克	碳水化合物 16 克
165 千卡			

食材

蔬果

芦笋	3根
小番茄	8个
黄瓜片	50克
樱桃萝卜片	50克
混合生菜	100克

肉禽蛋奶

罐装金枪鱼（水浸）	100克

酱汁

橄榄油	1勺
柠檬醋	1勺
盐	少许
黑胡椒粉	少许

步骤

① 小番茄、生菜洗净，沥干水分；芦笋洗净，切段；黄瓜片、樱桃萝卜片装小碗。

② 水浸金枪鱼捞出后简单沥下水，装入小碟备用。

③ 将芦笋段放入沸水，焯水2分钟至断生，捞出，沥干水分。

④ 小番茄对半切开（也可以切成更小的果粒）。

⑤ 将所有食材放入容器中，淋上拌匀的酱汁即可。

时间：20分钟　份量：1人份

薄荷甜椒菌子沙拉

热量	904 千焦
	216 千卡

蛋白质 613 克	脂肪 2 克	碳水化合物 42 克

食材

蔬果

红甜椒	1/2个
黄甜椒	1/2个
鹿茸菇	1把（约60克）
洋葱	少许

酱汁

低脂原味酸奶	1杯
新鲜薄荷叶	1片
柠檬汁	少许
盐	少许

Tips

"闻则松茸，食则鹿茸。"鹿茸菇算得上是菌菇类中的珍品，有人也称它为北风菌，含有丰富氨基酸和维生素。鹿茸菇肉质细腻，清香扑鼻，和甜椒等食材一起炒食，味道鲜美，让人爱不释口。

步骤

❶ 红甜椒、黄甜椒、鹿茸菇洗净，沥干水分。

❷ 将红甜椒和黄甜椒对半切开，去掉辣椒子后再切成丝。

❸ 红椒丝、黄椒丝和鹿茸菇焯水断生，捞出，沥干水分；洋葱切丝。

❹ 将酱汁列表中的所有食材倒入料理机中，混合打碎倒入碗中。

❺ 所有蔬果食材摆盘，淋上酱汁，撒上洋葱丝即可。

烤鲜菇沙拉

热量 1143 千焦	蛋白质 13 克	脂肪 21 克	碳水化合物 9 克
273 千卡			

食材

蔬果

褐菇	2个
白蘑菇	5个
鹿茸菇	50克
秀珍菇	50克

酱汁

盐	少许
柠檬	1/2个
黑胡椒粉	少许
玫瑰原露	1勺
柠檬橄榄油	少许

调料

盐	少许
橄榄油	少许
黑胡椒粉	少许
芥花子油	少许

步骤

❶ 白蘑菇、褐菇和秀珍菇洗净；鹿茸菇去根，洗净备用。

❷ 白蘑菇和褐菇切成厚片。

❸ 烤箱预热170℃，将所有菌菇铺在烤盘上，涂上一层橄榄油，撒入盐和黑胡椒粉。

❹ 烤8~10分钟后取出烤盘，将菌菇片放凉，然后装入容器。

❺ 柠檬挤汁，将其与酱汁材料表中的其他食材混合拌匀。

❻ 往盛有菌菇的容器中淋上酱汁即可。

Tips

褐菇又名洋松茸，其盖大柄粗，菌肉肥厚，口感比白蘑菇更细嫩鲜美，香味比香菇更加浓郁适口，并带有舒适的松软质感，可在生鲜超市购买。

时间：20分钟　份量：3人份

青柠香橙
沙拉

热量　1360千焦	蛋白质	脂肪	碳水化合物
325千卡	6克	2克	68克

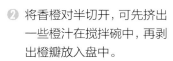

搭配
青柠薄荷汁

食材

蔬果

香橙（小）	4个

酱汁

小青柠	2个
威士忌	10毫升
新鲜薄荷叶	1把

Tips

小青柠口味略酸，若喜欢
略甜的口感，也可以省去
挤小青柠汁的步骤。

步骤

① 小青柠、香橙和威士忌备用。

② 将香橙对半切开，可先挤出
　一些橙汁在搅拌碗中，再剥
　出橙瓣放入盘中。

③ 取1个小青柠刨皮，切碎；
　另1个青柠挤汁备用。

④ 薄荷叶切碎放入搅拌碗，
　与青柠汁、青柠碎和威士
　忌混合拌匀成酱汁。

⑤ 在盛有香橙果肉的盘中，
　淋上酱汁即可。

热量	724 千焦	蛋白质 8 克	脂肪 2 克	碳水化合物 28 克
	173 千卡			

时间：20分钟　份量：1人份

希腊鹰嘴豆沙拉

食材

蔬果

洋葱	1/4个
奶油生菜	80克
熟鹰嘴豆	50克
蓝莓果干	10克
美国蔓越莓冻果	少许

酱汁

盐	少许
大蒜	2瓣
辣椒粉	少许
橄榄油	1勺
柠檬醋	5毫升
脱脂原味酸奶	40克

搭配
柠檬酸奶酱

Tips

蔓越莓冻果通常可以在一些进口生鲜超市买到。它是将自然成熟的鲜果用速冻工艺制成的，营养成分不会流失，而且不含添加剂，用作沙拉的配菜更加放心，口感清新，风味更胜。

步骤

❶ 奶油生菜洗净，沥干水分；洋葱、大蒜去皮；蔓越莓冻果、蓝莓果干装碟；熟鹰嘴豆装小碗备用。

❷ 洋葱切薄片（可放入纯净水浸泡3分钟，减轻辛辣口感）；大蒜切成细末备用。

❸ 将酱汁材料表中的其他食材放入装有蒜末的碗中，混合拌匀。

❹ 将备好的蔬果食材混合装盘，食用前淋酱汁即可。

时间：30分钟　份量：1人份

无花果蔬菜火腿沙拉

热量	799 千焦	蛋白质	脂肪	碳水化合物
	191 千卡	7 克	6 克	30 克

搭配
橙香柠檬姜酱

食材

蔬果

混合生菜	100克
无花果	2个
蓝莓果干	10克

肉禽蛋奶

火腿	20克

酱汁

柠檬姜酱	适量
意大利无花果黑醋	适量

调料

橙皮果干碎	少许

步骤

❶ 混合生菜洗净，沥干水分，撕成小片；无花果洗净后对半切开；火腿切碎，装碟备用。

❷ 将无花果去皮，切成更小的块，摆放在铺有混合生菜的盘子上，撒火腿碎末。

❸ 在盘中撒入蓝莓果干和橙皮果干碎；将黑醋放入小碗中，放入柠檬姜酱，搅拌均匀成酱汁，食用前淋入蔬果盘即可。

时间：30分钟　份量：1人份

烤甜椒沙拉

热量 657 千焦	蛋白质 8克	脂肪 2克	碳水化合物 33克
157 千卡			

食材

蔬果

红甜椒	1个
黄甜椒	1个
酸黄瓜	2小根

酱汁

芥末籽酱	1勺
芥花子油	1勺
蜂蜜	1/2勺
黑胡椒粉	少许
柚子醋	少许
洋葱碎	少许
盐	少许

Tips

在家中用直火烤甜椒一定要注意安全，所选的夹子要长一点以免烤制时伤到手。如果家中有明火烤网，可以放在烤网上烤制，用明火烤出的甜椒外皮能紧紧锁住果肉的水分，口感会更好。当然，如果想方便一点，也可以直接放进烤箱，220℃烘烤约10分钟就可以了。

步骤

❶ 红甜椒和黄甜椒洗净；洋葱碎装碟；酸黄瓜沥干水分备用。

❷ 红甜椒和黄甜椒用夹子串起，在小火上翻烤约10分钟。

❸ 甜椒翻烤至表皮焦黑，放在盘中稍晾。

❹ 将烤好的甜椒用刀轻轻去除焦黑部分，并去除辣椒子，切成条。

❺ 将酱汁材料表中的食材倒入碗中，混合拌匀成沙拉酱。

❻ 酸黄瓜切小块；将甜椒条和酸黄瓜块装盘，淋上酱汁即可。

时间：20分钟　份量：1人份

青蔬沙拉

热量	486 千焦
	116 千卡

蛋白质 2 克	脂肪 1 克	碳水化合物 16 克

食材

蔬果

芹菜	3根（约20克）
芝麻菜	1小把（约10克）
奶油生菜	1小把（约10克）
全叶生菜	1小把（约50克）
酸黄瓜	半根

酱汁

葡萄	70克
洋葱末	少许
橄榄油	1勺
白葡萄酒醋	2勺
盐	少许
蜂蜜	1勺

步骤

① 全叶生菜、奶油生菜和芝麻菜洗净；芹菜择去菜叶后洗净，切段；酸黄瓜沥干水分备用。

② 将芹菜段放入沸水锅中焯熟，变色后捞出，沥干水分备用。

③ 酸黄瓜切适口大小的块放入碗中。

④ 将酱汁材料表中的所有食材倒入料理机中，混合打碎成酱汁。

⑤ 将备好的蔬菜和酸黄瓜块混合装盘，淋上酱汁即可。

时间：30分钟　份量：1人份

香橙四季豆沙拉

热量	1561 千焦	蛋白质 26 克	脂肪 14 克	碳水化合物 32 克
	373 千卡			

食材

蔬果

四季豆	200克
香橙	1个

肉禽蛋奶

鸡蛋	1个

调料

盐	适量
大蒜	2瓣
黑胡椒粉	适量
香茅酸辣酱	适量

Tips

四季豆一定要放入沸水锅中煮熟透，煮熟后的四季豆表面颜色会变深，汁液饱满。香茅酸辣酱在一般大型超市都可以买到。香茅有着独特的清香，能促进食欲，形成泰式料理的独特风味，不经意间就让你的味蕾泛起涟漪。

步骤

① 四季豆洗净，沥干水分；香橙、鸡蛋和大蒜备用。

② 四季豆对半切开，用沸水煮熟，捞出，沥干水分。

③ 大蒜切末；香橙对半切开，取一半切3片，去皮备用；另一半榨汁。

④ 锅内倒水烧开，放入鸡蛋，约5分钟后捞出，并放入冷水中降温冷却。

⑤ 橙汁、蒜末与香茅酸辣酱拌匀成酱汁，放四季豆，混合拌匀。

⑥ 将拌好的四季豆放在香橙上，再将鸡蛋剥壳，切半摆放，撒上盐与黑胡椒粉佐味。

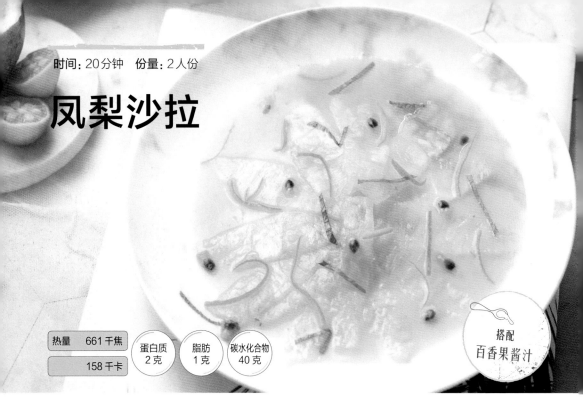

时间：20分钟　份量：2人份

凤梨沙拉

热量	661 千焦	蛋白质 2 克	脂肪 1 克	碳水化合物 40 克
	158 千卡			

搭配
百香果酱汁

食材

蔬果

凤梨	1个
香橙	1个
百香果	2个
小青柠	3个

调料

朗姆酒	5毫升
杏仁力娇酒	5毫升
薄荷糖浆	40~60毫升
新鲜薄荷叶	1把

Tips

杏仁力娇酒有香甜的
杏仁味,可在进口超市
购买。

步骤

① 准备好百香果、小青柠、香橙和凤梨。

② 百香果对半切开，用勺子按压，过滤出百香果汁。

③ 小青柠挤汁，与百香果汁混合，再倒入朗姆酒、杏仁力娇酒和薄荷糖浆，混合拌匀成酱汁。

④ 香橙洗净，用工具刨皮，切成丝；薄荷叶洗净，沥干水分，切丝备用。

⑤ 凤梨切掉尾部、头部和外皮，横向对半切开，切薄片，放入盘中；淋酱汁，撒薄荷叶丝和橙皮丝即可。

时间：10分钟　份量：1人份

烤西葫芦
沙拉

热量	871 千焦	蛋白质 5克	脂肪 12克	碳水化合物 23克
	208 千卡			

食材

蔬果

西葫芦	1个
番茄	1/4个

肉禽蛋奶

即食干酪	适量

调料

岩盐	少许
黑胡椒粉	少许
柠檬酱	少许
芥花子油	少许
普罗旺斯香草料	少许

步骤

① 西葫芦、番茄洗净，沥干水分；干酪切成小方块备用。

② 西葫芦切成圆形薄片；番茄先切片，再切成小丁。

③ 将西葫芦片放入烤盘中，并在表面刷芥花子油，放入预热到160℃的烤箱烤6~8分钟。

④ 取出西葫芦片，放凉后摆盘。

⑤ 放上干酪块，撒上黑胡椒粉、香草料、柠檬酱和岩盐即可。

Tips

烤制西葫芦的时间，要根据切得厚薄程度调整，也并非是越薄越好，切的时候要小心。切到2个硬币的厚度烤6分钟左右。

时间: 20分钟　份量: 2人份

烟熏鲑鱼
沙拉

| 热量　1670 千焦 | 蛋白质 24 克 | 脂肪 18 克 | 碳水化合物 39 克 |
| 399 千卡 | | | |

食材

蔬果

苹果	1/2个
洋葱	1/2个
混合生菜1小把（约200克）	
樱桃果干	1小碟

肉禽蛋奶

| 烟熏鲑鱼　2片（约100克） | |

酱汁

姜末	1勺
樱桃莎莎酱	1勺
意大利黑松露醋	1勺

步骤

① 苹果洗净；生菜洗净，沥干水分；烟熏鲑鱼、洋葱、樱桃果干装碟；樱桃莎莎酱和意大利黑松露醋备用。

② 苹果切片，去掉果核，放入盐水中浸泡，防止氧化变色。

③ 洋葱先切片，再切成小丁；将酱汁材料表中的食材放入碗中混合拌匀。

④ 生菜、苹果片、洋葱丁和樱桃果干混合拌好，放上鲑鱼片，淋上酱汁即可。

时间：20分钟　份量：1人份

牛油果雪梨沙拉

热量	1676 千焦	蛋白质 33 克	脂肪 12 克	碳水化合物 56 克
	472 千卡			

食材

蔬果

雪梨	1个
牛油果	1/2个

肉禽蛋奶

扇贝肉	260克

调料

柠檬醋	2勺
芽菜	少许
金橘碎粒	1勺
甜椒粉	1/3勺
黑胡椒粉	1/2勺
白胡椒粉	1/2勺
盐	少许

Tips

选用的扇贝肉是刺身料
理常用的贝柱，新鲜的贝
柱被冷冻后保留鲜活的
原味，常温下解冻后清
洗一下即可制作，口感
非常鲜美。加了牛油果
后，不用再加油脂，口感
已经很丰富。

步骤

❶ 扇贝肉切片；雪梨、
牛油果洗干净备用。

❷ 雪梨和牛油果去皮，
切片；雪梨片放入盐
水中，浸泡5分钟。

❸ 牛油果片和扇贝摆
盘，加入金橘碎粒，
滴入柠檬醋。

❹ 撒上甜椒粉、黑胡
椒粉和白胡椒粉调
味，最后用芽菜装
饰即可。

时间：20分钟　份量：1人份

酸奶芸豆沙拉

热量	511 千焦
	122 千卡

蛋白质 4 克

脂肪 1 克

碳水化合物 27 克

搭配
芒果酸奶酱

食材

蔬果

芹菜	3根
四季豆	10根

豆类

各式豆类 （熟红芸豆以及熟白芸豆等）	100克

酱汁

柠檬醋	1勺
桂七芒果	1个
低脂牛奶	2勺
原味酸奶	4勺
盐	1小勺

Tips

桂七芒果的香味比其他芒果的更佳，但若错过了它的果期，可用水仙芒果代替。

步骤

① 芹菜、四季豆、桂七芒果洗净；各式豆类装盘备用。

② 将芒果对半切开，去掉果核，切成十字花，用手将芒果翻出花状。

③ 用刀或者勺子取出芒果肉，并与柠檬醋、原味酸奶、低脂牛奶倒入料理机中，加盐调味，混合打成酱汁，做成芒果酸奶酱。

④ 四季豆和芹菜切段，用沸水焯烫至熟，捞出后沥干水分。

⑤ 将焯烫好的蔬菜和各式豆类混合拌匀，再加入芒果酸奶酱即可。

时间：40分钟　份量：2人份

双薯核桃沙拉

热量	1963 千焦
	469 千卡

蛋白质 8克　脂肪 8克　碳水化合物 92克

食材

薯类
红薯（小）	2个
小红土豆	1个

蔬果
全叶生菜	1小把（约20克）
桂七芒果	1/2个

蛋奶坚果
原味酸奶	30克
即食干酪	5克
核桃仁	1小勺（约10克）

酱汁
柠檬汁	少许
蜂蜜	1勺
盐	少许

Tips

购买红薯时，选择外表干净、光滑、形状好、坚硬和发亮的红薯；红薯发芽，表面凹凸不平，说明它已经不新鲜；若红薯表面上有小黑洞，则说明红薯内部已经腐烂。

步骤

❶ 薯类和蔬菜洗净；核桃仁、即食干酪装小碗备用。

❷ 红薯和小红土豆去皮，切成块。

❸ 将红薯块和小红土豆块放入碗中，加水，没过食材，放入微波炉中加热，13~15分钟后取出沥水装盘。

❹ 芒果切小块，与原味酸奶和酱汁列表中的材料一起倒入料理机中，打成沙拉酱。

❺ 处理过的薯类和蔬果摆盘，加干酪和核桃仁。

❻ 在盘中淋上酱汁即可。

时间：20分钟　份量：1人份

辣味生萝卜

热量	925 千焦
	221 千卡

蛋白质 3克　脂肪 17克　碳水化合物 16克

搭配
蜂蜜柠檬酱

食材

蔬果

白萝卜	100克

坚果

核桃仁	20克

酱汁

盐	少许
蜂蜜	适量
黑胡椒粉	少许
辣椒粉	少许
柠檬片	1片
芥花子油	1勺
芥末籽酱	1勺

调料

金橘碎粒	适量
普罗旺斯香草碎	少许

步骤

① 白萝卜去皮；金橘碎粒、芥花子油、芥末籽酱、蜂蜜、辣椒粉、核桃仁和柠檬片装碟备用。

② 将白萝卜去皮（用多少去皮多少）后对半切开，再切成薄片。

③ 将柠檬片挤汁，和酱汁列表中的其他食材混合拌匀成酱汁。

④ 用手将核桃仁掰碎，和白萝卜一起摆盘。

⑤ 酱汁淋在白萝卜片上，缀金橘碎粒和香草碎装饰即可。

时间：20分钟　份量：1人份

鸡肉柚子沙拉

热量	1235 千焦	蛋白质 31 克	脂肪 7 克	碳水化合物 27 克
	295 千卡			

食材

蔬果

柚子果肉	2块
小红洋葱	2个

肉禽蛋奶

虾仁	6个
鸡胸肉	1块（约100克）

酱汁

椰糖	1勺
蒜蓉	适量
柠檬汁	少许
椰子碎	1小撮
小红椒碎	1小撮

调料

植物油	适量

Tips

如果有花生米或者其他坚果仁，可以放入烤箱烤脆后碾碎加入沙拉中，口感会更丰富。

步骤

① 鸡胸肉、虾仁洗净；小红洋葱、柚子果肉备用。

② 小红洋葱去皮，洗干净，切成薄片。

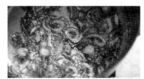
③ 油锅烧热，放入小红洋葱丝，中小火炸至葱丝变色，捞出。

④ 另起一锅，将水烧开，放入鸡胸肉和虾仁，煮熟捞出。

⑤ 将煮熟的鸡胸肉切丝；用手将柚子果肉拨散。

⑥ 将所有食材倒入容器，混合拌匀，酱汁列表中的食材混合后淋入即可。

时间：15分钟　份量：2人份

酸梅水果沙拉

热量	883 千焦	蛋白质 18 克	脂肪 1 克	碳水化合物 37 克
	211 千卡			

搭配
酸梅养乐多

食材

蔬果

无子葡萄	10颗
哈密瓜	2瓣
龙宫果	4~5颗

酱汁

养乐多	1罐
酸梅粉	1勺

Tips

龙宫果是小圆球状的热带水果，在进口水果店里较常见，龙宫果果肉乳白、软糯，甜中微酸，但果皮比较薄，不宜用冰箱保存，否则容易变坏，常温储存就好。

步骤

① 葡萄洗净；哈密瓜去子；龙宫果备用。

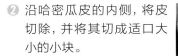

② 沿哈密瓜皮的内侧，将皮切除，并将其切成适口大小的小块。

③ 葡萄对半切开后备用。

④ 龙宫果用手剥去果皮备用。

⑤ 将处理好的所有食材装入搅拌碗，拌匀后倒入沙拉碗并放入混合好的酱汁即可。

时间：20分钟　份量：1人份

火腿玉兰菜沙拉

热量	1226 千焦	蛋白质 17克	脂肪 15克	碳水化合物 13克
	293 千卡			

食材

蔬果

玉兰菜	2颗
椰子片	10克
蓝莓果干	少许

肉禽蛋奶

火腿	2片

坚果

腰果仁	10克
核桃仁	10克

酱汁

老酸奶	2大匙
脱脂奶油	1大匙
柠檬汁	1小匙
新鲜薄荷叶	少许
黑胡椒粉	少许
盐	少许
跳跳糖	少许

步骤

❶ 玉兰菜洗净，沥水。其他食材备用。

❷ 玉兰菜对半切开，用手剥散。

❸ 新鲜薄荷叶切细碎。

❹ 老酸奶、脱脂奶油、柠檬汁、盐、黑胡椒粉混合，装碗，撒上薄荷叶碎，拌匀成酱汁。

❺ 将所有食材混合装碗，淋上酱汁，撒上跳跳糖即可。

PART 4

轻便当

时间：15分钟　份量：1人份

蟹柳紫米饭

热量	1632 千焦
	390 千卡

蛋白质
12 克

脂肪
8 克

碳水化合物
82 克

食材

谷物类

紫米饭	100克

蔬果

小番茄	15个
西蓝花	3朵
熟玉米粒 1小碗（约50克）	

肉禽蛋奶

熟蟹柳	9条
鸡蛋	1个

调料

味噌	1勺

步骤

① 小番茄去蒂，洗净备用；西蓝花洗净备用；其他食材备用。

② 西蓝花切块，放入沸水锅中焯水至熟，捞出备用。

③ 鸡蛋放在开水锅中煮10分钟捞出，放入冷水中泡3分钟后取出剥壳，切片备用。

④ 紫米饭平铺在容器中，依次铺上蔬果、鸡蛋和蟹柳条，淋上味噌即可。

时间：10分钟　份量：1人份

双米香栗肉酱饭

热量　1896 千焦	蛋白质 10 克	脂肪 2 克	碳水化合物 99 克
453 千卡			

食材

谷物类

紫米饭	1小碗（约50克）
白米饭	1小碗（约50克）

蔬果

柿子饼	2块
西蓝花	2朵
玉米粒	1小碟
红椒丁	1小碟

坚果

熟栗子	5个（约50克）

酱汁

香菇肉酱	30克

Tips

香菇肉酱最好自己制备，以免摄入过多油脂。其做法也比较简单，用少量五花肉煸炒，熬出油脂，放入香菇碎炒熟，根据个人口味加适量甜面酱或辣椒酱调味即可。做好后放密封罐，冰箱冷藏，随用随取。

步骤

❶ 西蓝花洗净；熟栗子剥壳；其他食材备用。

❷ 西蓝花焯水，捞出备用，红椒丁焯水，捞出备用。

❸ 柿子饼切条，备用。

❹ 将两种米饭装入便当盒，其他食材平铺，浇上香菇肉酱即可。

时间：20分钟　份量：2人份

黑椒牛肉便当

热量	2574 千焦	蛋白质 49 克	脂肪 10 克	碳水化合物 83 克
	615 千卡			

食材

谷物类

米饭	1碗（约100克）

蔬果

西蓝花	3朵
胡萝卜	1根
生菜	1小把
熟玉米粒	1小碟
熟黑芝麻	适量

肉禽蛋奶

肉眼牛排	1块（约200克）

酱汁

生抽	2勺
蜂蜜	2~3勺
黑胡椒粒（研磨瓶装）	适量
水淀粉	适量

步骤

❶ 西蓝花洗净切块，放入沸水锅中焯水至熟，其他食材备用。

❷ 胡萝卜洗净去皮，切厚片备用。

❸ 热锅无需倒油，将牛排两面各煎20秒，封边（用夹子将牛排四周各煎20~30秒）。

❹ 将煎好的肉眼牛排取出切丁备用。

❺ 研磨黑胡椒粒约10次，与酱汁列表中其他食材混合，倒入锅中，开火煮到冒泡转小火，倒入适量水淀粉勾芡，搅拌均匀后转大火，倒入牛排丁，翻炒15秒盛出备用。

❻ 将蒸好的米饭捏成圆形饭团，放入便当盒，饭团上撒少许熟黑芝麻，再放入备好的蔬菜与牛排丁装盘即可。

Tips

煎肉眼牛排时，边缘油脂厚的地方适当增加煎制时间。

脆皮芝士烤饭团

热量 1528 千焦	蛋白质 17克	脂肪 10克	碳水化合物 55克
365 千卡			

食材

谷物类

米饭1碗	约180克
馄饨皮	6片

蔬菜

西蓝花	2小朵

肉蛋奶

虾仁	6个
鱼子酱	1勺
Kiri芝士	18克

调料

泰式酸辣酱	1小勺
盐	1/2小勺
植物油	适量

工具

6连玛芬蛋糕模	1个

Tips

在馄饨皮上刷少量油，不仅是为了防粘也可以使烤出的脆皮成色更诱人。在米饭中拌少量芝士碎，热量不会过高，而且口感更加香浓。如果家中没有鱼子酱，可以撒上少量炒熟的芝麻。

步骤

❶ 将西蓝花洗净，沥干水；虾仁解冻后洗净；芝士切小块；其他食材备用。

❷ 在锅中倒少量水煮沸，放入西蓝花和虾仁焯水，加盐和植物油。

❸ 煮到西蓝花和虾仁变色后捞出，西兰花切绿色部分，虾仁对半切开，芝士切成碎末。

❹ 米饭倒入搅拌碗，将西蓝花碎和虾仁碎一同倒入米饭里，加入芝士末和泰式酸辣酱搅拌均匀。

❺ 在模具底部刷少量油，放入馄饨皮，在馄饨皮上再分次少量刷上油。

❻ 填入拌好的米饭，烤箱170℃预热，放入装好饭团的蛋糕模，烤15~20分钟，等到外皮变得金黄色取出。

❼ 在饭团上缀少许鱼子酱即可。

时间：20分钟　份量：2人份

玉子烧

热量	1394 千焦	蛋白质 27 克	脂肪 18 克	碳水化合物 6 克
	333 千卡			

食材

肉禽蛋奶

鸡蛋	3个

调料

味淋	2勺
白糖	1勺
橄榄油	少许

Tips

"玉子"在日语当中是鸡蛋的意思，所以玉子烧就是"日式鸡蛋卷"。如果把调料中的白糖换成盐，就可以做成咸味玉子烧，同样香嫩可口。

步骤

① 鸡蛋磕入碗中打散，加入味淋和白糖，搅打均匀备用。

② 热锅加少许橄榄油，用吸油纸在锅内擦拭均匀，转小火，倒入 1/4 鸡蛋液。

③ 鸡蛋液凝固后，将鸡蛋皮对折，在锅子空白处再倒入适量鸡蛋液，凝固再对折，反复几次，直至鸡蛋液倒完，鸡蛋完全凝固。

④ 将整块蛋皮用铲子轻轻铲出，置于砧板上，切块装盘即可。

时间：10分钟　份量：2人份

玉子黄瓜
蟹肉卷

热量 3051 千焦	蛋白质 15 克	脂肪 2 克	碳水化合物 164 克
729 千卡			

食材

谷物类
紫米饭　　　1碗（约150克）

蔬果
水果黄瓜　　　　　　　1根

肉禽蛋奶
蟹肉棒　　　　　　　　4根

玉子烧（做法见72页）　3块

Tips

煮紫米饭之前可以先把紫米放入水中浸泡1晚，这样煮出来的紫米饭口感会更软糯。饭团切块时连着保鲜膜一起切是为了便于塑型，防止切割时米饭散开。

步骤

❶ 蟹肉棒提前自然解冻；黄瓜洗净，其他食材备用。

❷ 将黄瓜对半切开，再切成细长条。

❸ 蟹肉棒放入沸水锅中烫5秒后捞出；玉子烧切小条。

❹ 寿司卷上铺保鲜膜，铺上米饭，放蟹肉棒、黄瓜条和玉子烧。

❺ 寿司卷压紧，把饭团卷成型，取出，连同保鲜膜一起切块，切好后剥去保鲜膜。

时间：30分钟　份量：2人份

金枪鱼御饭团

热量	1390 千焦
	332 千卡

蛋白质 13克　脂肪 3克　碳水化合物 30克

食材

谷物类

米饭	1碗（约200克）

蔬果

海苔	2片

肉禽蛋奶

罐装金枪鱼（油浸）	200克

调料

木糖醇	1/2勺
味噌	1勺
香茅柠檬酱	少许

步骤

1. 将金枪鱼肉放在厨房纸上沥干（以此控油）后放入盘子中，米饭、海苔片及味噌备用。

2. 平底锅烧热，加入稍微去油的金枪鱼肉，小火翻炒至鱼肉松软收汁。

3. 金枪鱼肉内加入味噌、木糖醇、香茅柠檬酱拌匀。

4. 取一半量米饭置于保鲜膜上，在米饭上放约1/2金枪鱼松，再铺一层薄米饭，用保鲜膜包裹，握成三角形饭团。

5. 打开保鲜膜，贴上海苔片，用同样的方法做第二个饭团即可。

時间：20分钟　份量：2人份

蔓越莓芒果御饭团

| 热量 | 1612 千焦 | 蛋白质 15 克 | 脂肪 2 克 | 碳水化合物 63 克 |
| 385 千卡 | | | | |

食材

谷物类

| 米饭 | 1碗（约200克） |

蔬果

芒果	1个（约100克）
蔓越莓果干	1碟（约30克）
海苔	2片

步骤

❶ 芒果去皮将果肉切小丁；其他食材备用。

❷ 蔓越莓果干切碎，备用。

Tips

御饭团就是"用双手捏的饭团"。传统的日式饭团，主要成分是大米与海苔，呈三角状。饭团大小适中，可以在其中包入金枪鱼肉、鸡胸肉等馅料，不仅口感更鲜美，且低脂健康。

❸ 取一半米饭压平，放入芒果丁，包裹成三角饭团，贴上海苔。

❹ 三角饭团的顶部蘸取适量蔓越莓碎，用同样的方法做第二个饭团即可。

玉子寿司

热量 2570 千焦	蛋白质 38 克	脂肪 21 克	碳水化合物 90 克
614 千卡			

食材

谷物类

米饭	200克
吐司	2片

蔬果

混合生菜	适量
熟玉米粒	少许
小番茄	2个
海苔	1片

肉禽蛋奶

火腿	1片
鸡蛋	1个
烟熏三文鱼	5片

调料

韩式辣椒酱	1勺
橄榄油	2勺

Tips

佐餐的烟熏三文鱼片和混合生菜可以在生鲜超市购买。烟熏三文鱼片也可以替换成烟熏鲑鱼片；韩式辣椒酱也可以根据个人口味替换成番茄酱。

步骤

❶ 吐司切去四边，在一面均匀涂上韩式辣椒酱。

❷ 火腿切薄片，平铺在吐司上，另一片吐司也涂上韩式辣椒酱，然后盖上。

❸ 鸡蛋打散，吐司浸在蛋液里包裹均匀；锅内倒入少许橄榄油，放入吐司煎至表面金黄。

❹ 海苔铺平，铺上米饭，再放入煎好的吐司片。

❺ 然后把海苔片的四个角都包裹起来。

❻ 将饭团对半切开，放入便当盒中，再放入三文鱼片、混合生菜和对半切开的小番茄、熟玉米粒一起装好即可。

时间：20分钟　份量：1人份

牛油果蒸蛋套餐

热量	1390 千焦	蛋白质 12 克	脂肪 26 克	碳水化合物 30 克
	332 千卡			

食材

水果

牛油果	1 个
香蕉	1 根
草莓	2 个
柠檬	1 个

肉禽蛋奶

鸡蛋	1 个

调料

白胡椒粉	少许

Tips

如果家中没有圆柱炉，就把鸡蛋打入小碗，放在蒸锅上蒸约10分钟。

步骤

① 将鸡蛋打在圆柱炉里，表面淋少许水，开小火慢慢蒸熟；水果洗净备用。

② 牛油果切开，去掉核；香蕉和柠檬分别切片；草莓对半切开。

③ 牛油果的切口面用柠檬片擦拭，凹陷处挤入几滴柠檬汁，然后切成薄片。

④ 将蒸熟的鸡蛋倒扣在盘中，放入准备好的水果，淋上几滴柠檬汁，再撒上白胡椒粉即可。

时间：30分钟　份量：2人份

西蓝花培根饭团

热量 1394 千焦	蛋白质 17 克	脂肪 5 克	碳水化合物 56 克
333 千卡			

食材

谷物类

米饭	1 碗（约200克）

蔬果

西蓝花	3 小朵（约80克）

肉禽蛋奶

培根	2 片

调料

盐	少许
芝麻鲣鱼拌饭料	少许

Tips

芝麻鲣鱼拌饭料是以芝麻、鲣鱼干、海苔碎等为原料制成的调味料，可以在超市买到；培根本身带有咸味，炒制时盐要少放；西蓝花比较容易熟，炒制时间过长口感会变得软烂且苦涩，所以烹炒要注意火候，并且控制时间。

步骤

① 西蓝花洗净沥干水分；米饭和其他食材备用。

② 将培根解冻后清洗，沥水，切成细丁备用。

③ 西蓝花剁碎，取一半西蓝花碎倒入米饭，撒芝麻鲣鱼拌饭料拌匀。

④ 培根丁入锅炒香，放入剩余西蓝花碎略炒，加盐调味，盛出。

⑤ 取适量西蓝花米饭，平铺在保鲜膜上，包裹西蓝花培根，将保鲜膜包紧呈饭团状。

⑥ 揭开保鲜膜，取出饭团，装便当盒即可（可在盒中垫上紫苏叶）。

时间：20分钟　份量：1人份

牛肉米饼汉堡

搭配
玫瑰花酱

热量	1423 千焦	蛋白质 16 克	脂肪 6 克	碳水化合物 55 克
	340 千卡			

食材

谷物类

米饭	1 碗（约 200 克）

蔬果

红绿叶混合生菜	适量

肉禽蛋奶

鸡蛋	1 个
牛里脊肉	2 片

调料

橄榄油	2 勺
盐	少许

酱汁

玫瑰花酱	少许

Tips

玫瑰花酱既可以自制，也可以购买，购买时要注意看标签中的含糖量。煎米饼时，开小火，才能煎出嫩黄色泽的米饼。

步骤

1 牛里脊肉片和生菜分别清洗干净，沥干水分；鸡蛋和米饭备用。

2 在米饭中淋入玫瑰花酱，拌匀；取一半放入小碗中，压紧，倒扣在盘子里，压成米饼。用同样的方法，做出第二个米饼。

3 鸡蛋加少许盐，打散，用刷子蘸取适量蛋液，依次均匀涂抹在米饼表面。

4 平底锅倒入适量橄榄油，放入米饼，小火将米饼煎至表面蛋液凝固，取出备用。

5 锅内留少量油，放入牛肉片煎熟。

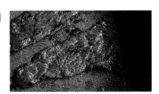

6 剩余蛋液倒入油锅中，划散铺开，煎成蛋饼，盛出，切丝备用。

7 盘中放一块米饼，铺上蛋饼丝，放上牛肉，再铺上生菜，最后盖上一块米饼，表面稍作装饰即可。

时间：30分钟　份量：1人份

鸡肉蛋包饭

搭配
番茄酱

热量	2608 千焦			
	623 千卡	蛋白质 42 克	脂肪 27 克	碳水化合物 53 克

食材

谷物类

米饭	1 小碗（约 100 克）

蔬果

洋葱	半个
蘑菇	3~4 个

肉禽蛋奶

鸡蛋	2 个（约 110 克）
鸡腿肉	1 大碗（约 100 克）
番茄酱	适量

调料

芥花子油	2 勺
黄油	15 克
盐	3 小勺
黑胡椒碎	适量

Tips

如果操作时，蛋皮边缘已凝固，要用铲子轻轻地铲，保留酥脆的边缘部分，口感更棒。

步骤

❶ 洋葱、蘑菇洗净后切丁；鸡肉洗净后切成小块。

❷ 热锅热油，下洋葱丁煸香，放入蘑菇丁煸炒至五成熟。

❸ 放入鸡肉煸炒至鸡肉变色，倒入米饭，炒匀后，加入盐、黑胡椒碎调味出锅备用。

❹ 鸡蛋加入少许盐，搅匀；另起锅，热锅放入芥花子油和黄油，熔化后起小泡时，将蛋液倒入锅内，均匀铺平。

❺ 蛋液表面半熟后，倒入米饭，用勺子压出梭子形。

❻ 用木铲慢慢铲起一边，轻轻包裹压紧，再翻起另外一边，压紧推到锅沿，微微加热固定。

❼ 盘子放在锅上，一手轻摁盘子，一手翻转锅，使蛋包饭倒入盘里，在蛋包饭表现淋上番茄酱即可。

蔬果鲜虾卷

搭配
柠檬香茅
酸辣酱

热量 1109 千焦	蛋白质 24 克	脂肪 2 克	碳水化合物 40 克
265 千卡			

食材

谷物类
米皮	4张

蔬果
白蘑菇	4个
胡萝卜	1/4
芒果丁	少许
奶油生菜	4片
紫苏叶	2片

肉禽蛋奶
阿根廷红虾	4只

酱汁
盐	少许
柠檬汁	少许
香茅酸辣酱	少许

调料
橄榄油	少许

Tips

米皮一般可以直接购买，超市及网上都有出售。购买的米皮一般都需要浸泡，根据实际情况适度调整浸泡时间。浸泡时间不宜过长，也不宜用热水浸泡，皮子软了就可以马上拿出来。

步骤

❶ 红虾处理干净；紫苏叶、白蘑菇、胡萝卜洗净，沥干水分；芒果丁和米皮备用。

❷ 白蘑菇切薄片；胡萝卜去皮，切丝；锅内倒入橄榄油，将白蘑菇片与胡萝丝下锅，翻炒至断生，盛出。

❸ 红虾氽水捞出，去虾头，去虾壳，对半切开。

❹ 取一个较大的搅拌碗倒入开水，晾凉备用，取一张米皮，浸入冷开水中，浸泡15~20秒后取出。

❺ 米皮取出后，沥干水分，轻轻地平铺在盘子上。

❻ 米皮上放入虾仁、胡萝卜丝、白蘑菇片、芒果丁、奶油生菜与紫苏叶。

❼ 食材都放好后，将米皮轻轻卷起，装入便当盒中，用同样的方法做第2个。食用前佐拌好的酱汁即可。

PART 5

元气三明治

时间：20分钟　份量：2人份

烟熏鲑鱼法棍塔

热量	1863 千焦	蛋白质 34 克	脂肪 13 克	碳水化合物 51 克
	445 千卡			

食材

谷物类

法棍	半根

蔬果

松露	3颗
无花果	2个
紫苏叶	适量
芽菜	少许

肉禽蛋奶

烟熏鲑鱼	50克

酱汁

红甜椒	1/4个
蛋黄酱	2勺
柠檬汁	少许
姜末	少许

步骤

① 紫苏叶、无花果和松露洗净,沥干水分;法棍和烟熏鲑鱼备用。

② 法棍斜切成1厘米左右的厚片。

③ 无花果切成4小瓣,松露切薄片。

④ 红甜椒洗净,切丁,放入料理机,加少许水,打碎;将多余水分过滤掉;红甜椒泥与蛋黄酱、柠檬汁和姜末混合拌匀成酱汁。

Tips

若家中有切面包的锯齿刀就用锯齿刀来切;若没有,可先将普通刀具用燃气灶的火加热15~20秒;或者用开水浸泡2分钟,取出擦干水,趁热切,效果一样好。

⑤ 紫苏叶铺在法棍上,再铺一层松露片。

⑥ 淋上酱汁,放上烟熏鲑鱼和无花果,缀芽菜装饰即可。

时间：30分钟　份量：2人份

泡菜虾仁三明治

热量	1967 千焦	蛋白质 23 克	脂肪 21 克	碳水化合物 56 克
	470 千卡			

食材

谷物类

原味吐司　　　　　　2片

蔬果

西蓝花　　　　　　　2朵

肉禽蛋奶

虾仁　　　　　　　　10个

酱料

凤梨丁　　　　　　　少许

韩国泡菜　　2条（约40克）

香茅甜辣酱　　　　　3勺

调料

芥花子油　　　　　　适量

步骤

① 西蓝花洗净，沥干水分；吐司、虾仁、泡菜和凤梨丁备用。

② 热锅冷油，倒入虾仁，并将虾仁翻炒至熟后盛出。

③ 西蓝花切小朵，焯水约3分钟至断生，再放入冷水浸泡2分钟后捞出备用。

④ 泡菜切碎，与香茅甜辣酱和凤梨丁混合，拌匀成酱料。

⑤ 吐司去边，对半切开，一片吐司铺一层西蓝花，淋上酱料，再铺一层虾仁，最后盖上另一片吐司即可。

时间：20分钟　份量：2人份

牛油果番茄三明治卷

热量	1787 千焦	蛋白质 9 克	脂肪 17 克	碳水化合物 51 克
	427 千卡			

食材

谷物类

全麦吐司	2 片

蔬果

牛油果	1 个
洋葱	1/6 个
小番茄	3 个
香菜	1 根
青甜椒	适量

调料

柠檬醋	1 勺
橄榄油	1 勺
杏仁力娇酒	少许

Tips

吐司切边后可以更好地卷起；牛油果切开后氧化得很快，应尽快食用；也可以根据个人的喜好加入爽脆的黄瓜条。

步骤

❶ 香菜、青甜椒、洋葱和小番茄清洗干净；吐司和牛油果备用。

❷ 香菜切碎；牛油果对半切开，去果核，用勺子挖出果肉，切小块。

❸ 青甜椒、洋葱和小番茄切成丁。

❹ 将处理好的蔬果食材与柠檬醋、杏仁力娇酒和橄榄油混合拌匀。

❺ 吐司切去四边，用擀面杖擀平，并将拌好的食材铺在吐司上。

❻ 用保鲜膜卷起，将两端的保鲜膜拧紧，定型5~10分钟，然后切开食用即可。

牛排芦笋三明治

搭配
丘比沙拉酱

| 热量 1599 千焦 | 蛋白质 31 克 | 脂肪 9 克 | 碳水化合物 40 克 |
| 382 千卡 | | | |

食材

谷物类

| 原味餐包 | 1个 |

蔬果

芦笋	3根
无花果	1个
茴香芹	少许

肉禽蛋奶

| 肉眼牛排 | 1块 |

酱汁

甜椒粉	少许
丘比原味沙拉酱	1勺
丘比沙拉汁日式口味	1勺
丘比沙拉汁甜辣口味	1勺

步骤

❶ 芦笋去皮,切段;茴香芹横向切成薄薄的小圈;餐包、肉眼牛排备用。

❷ 芦笋焯水断生,捞出,沥干水分。

❹ 热锅,无需放油,放入牛排。

❺ 将牛排的两面各煎1分钟,盛出后,静置3~5分钟,然后再切成条状。

Tips

煎牛排的时候,牛排遇热,汁水会溢出,关火后将牛排放置锅中3~5分钟是为了让牛排回收汁水,品尝时更鲜嫩多汁。

❻ 原味餐包对半切开,其中一半餐包上铺一层芦笋段,淋上混合拌匀的酱汁,然后再铺一层切好的无花果肉。

❼ 再铺一层牛排条,用茴香芹装饰顶部,放上另一半餐包即可。

时间：20分钟　份量：1人份

鲔鱼三明治

热量	1951 千焦			
	466 千卡	蛋白质 17克	脂肪 6克	碳水化合物 73克

搭配
酸黄瓜芥
末籽酱

食材

谷物类

全麦面包	1个

蔬果

番茄	3片
洋葱	1/6个
混合生菜	适量

肉禽蛋奶

鲔鱼（水浸金枪鱼）	90克

酱汁

芥末籽酱	1大勺
原味酸奶	30克
酸黄瓜碎	适量
白胡椒粉	少许

步骤

① 蔬果洗净，沥干水分；水浸鲔鱼简单沥一下水；全麦面包备用。

② 将全麦面包从中间切开，但不要切断。

③ 番茄切圆片；洋葱切长条。

④ 将酱汁列表中的食材混合装碗，拌成酱汁。

⑤ 将生菜、番茄片、洋葱条和鲔鱼放在全麦面包夹层内，淋上酱汁即可。

时间：30分钟　份量：1人份

樱桃萝卜
三明治

食材

谷物类

全麦吐司	2片

蔬果

樱桃萝卜	10个
小黄瓜	1根
手指柠檬	少许

酱汁

酸奶	2勺
柠檬姜酱	1勺

调料

鱼子酱	少许

热量 1130 千焦	蛋白质 10 克	脂肪 3 克	碳水化合物 55 克
270 千卡			

步骤

① 小黄瓜、樱桃萝卜洗净；手指柠檬和全麦吐司备用。

② 用刀切去全麦吐司的四边。

③ 樱桃萝卜和小黄瓜切薄片。

④ 酸奶和柠檬姜酱混合拌匀成酱汁。

⑤ 全麦吐司的一面均匀地涂上酱汁。

⑥ 依次铺上樱桃萝卜片和黄瓜片，用鱼子酱和手指柠檬的果肉装饰即可。

Tips

普通柠檬过多的汁水常会掩盖住食材本身的味道，而手指柠檬蕴藏着如水晶般的小颗粒，一入口，那汁水会瞬间充盈你的唇齿，其独特的酸香让人回味无穷。

时间：20分钟　份量：2人份

柠香土豆
三明治

热量	1683 千焦	蛋白质 15 克	脂肪 10 克	碳水化合物 73 克
	402 千卡			

食材

谷物类

原味吐司	2片

蔬果

小红土豆	1个
混合生菜	适量

酱汁

金橘碎	少许
芥末籽	1勺
原味老酸奶	2勺

Tips

土豆泥不用压得太细碎，
有明显的颗粒感口感会
更佳。

步骤

① 生菜洗净，沥干水分；小红土豆洗净；吐司和金橘碎备用。

② 小红土豆去皮、切丁、装碗，倒入水，没过小红土豆丁，放入微波炉，高火8分钟。

③ 将酱汁列表中的食材混合拌匀，将混合好的部分酱汁均匀地涂抹在2片吐司上。
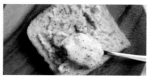

④ 取出小红土豆丁，过滤多余水分，与剩余的酱汁混合拌匀，压制成泥。

⑤ 先在一片吐司上铺生菜，涂抹土豆泥，铺满吐司片，最后放上另一片吐司，对角线切开即可。

时间：10分钟　份量：1人份

芥末黄瓜
三明治

热量 1243 千焦	蛋白质	脂肪	碳水化合物
297 千卡	7 克	14 克	36 克

食材

谷物类
原味吐司 .... 2 片

蔬果
小黄瓜 .... 1 根

酱汁
柠檬姜酱 .... 1 勺
低脂奶油 .... 40 克
青芥末 .... 少许
手指柠檬 .... 少许
盐 .... 少许

Tips

柠檬姜酱可以在网上超
市购买，也可以在家制
作，购买时注意看标签，
明确含糖量，选择含糖量
低的。

步骤

① 小黄瓜洗净，沥干水
　分；吐司和手指柠檬
　备用。

② 小黄瓜不去皮，切成
　薄片。

③ 手指柠檬洗净，侧面
　划开。

④ 碗中依次放入柠檬
　姜酱、低脂奶油、青
　芥末、手指柠檬汁和
　盐，混合拌成酱汁。

⑤ 在2片吐司上均匀地
　涂抹上酱汁。

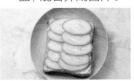

⑥ 将黄瓜片整齐地放在
　其中一片吐司上，再
　盖上另一片吐司即可。

时间：20分钟 份量：1人份

飞鱼子鸡蛋
三明治

热量	1519 千焦	蛋白质 24 克	脂肪 11 克	碳水化合物 42 克
	363 千卡			

食材

谷物类

全麦吐司	2片

肉禽蛋奶

飞鱼子	40克
鸡蛋	2个

Tips

飞鱼子又叫做仿蟹子，是日料中出现频率较高的一种鱼子，口感弹滑，味道微咸，用量可根据个人喜好调整。飞鱼子一般可在生鲜超市购买，购买前一定要看清包装上的保存提示。

步骤

① 吐司、鸡蛋和飞鱼子备用。

② 鸡蛋用水煮熟，捞出，放入冷水，放凉后剥壳。

③ 将鸡蛋的蛋白和蛋黄分离，然后用勺子分别将其碾碎。

④ 用刀将全麦吐司四边的皮去掉。

⑤ 吐司上均匀地铺上一层飞鱼子，然后依次铺上蛋白碎和蛋黄碎，以同样的方法制作另一个三明治。

时间：20分钟　份量：2人份

桂花香栗
三明治

食材

谷物类

原味吐司   2片

坚果

熟栗子   24个

调料

香甜沙拉酱   50克

蜂蜜   少许

桂花   少许

Tips

不建议用糖渍栗子，因为糖渍的栗子糖分含量比较高。其实自己煮栗子也很方便，把买来的新鲜栗子划一刀，放入蒸锅蒸熟，或者用空气炸锅烤熟，再剥壳取用都很便捷。搅拌栗子沙拉酱时一定要多搅拌几次，搅拌至顺滑时口感才好。

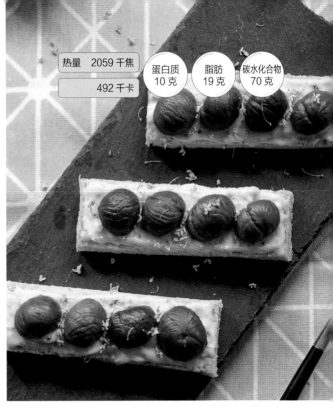

热量	2059 千焦
	492 千卡

蛋白质 10 克 ｜ 脂肪 19 克 ｜ 碳水化合物 70 克

步骤

① 栗子去壳，装碟；吐司和沙拉酱备用。

② 全麦吐司去边，切成约3厘米宽的长条。

③ 取一半栗子用勺子按压成泥，剩余栗子留作装饰备用。

④ 将栗子泥加入到装有沙拉酱的碗中，混合搅拌均匀。

⑤ 把酱料均匀地涂抹在吐司条上，然后放上整颗栗子，撒上桂花，淋蜂蜜即可。

时间：10分钟　份量：2人份

番茄火腿汤

热量 1218 千焦	蛋白质 10 克	脂肪 6 克	碳水化合物 21 克
291 千卡			

食材

谷物类

吐司 .... 1 片

蔬果

番茄 .... 1 个

肉禽蛋奶

伊比利亚火腿粒 .... 1 小撮

调料

橄榄油 .... 2 勺

纯净水 .... 50~80 毫升

步骤

① 吐司去四边，切成小块

② 番茄洗净后对切，再切成小块，用刀削去外皮。

③ 将番茄块、吐司块、橄榄油和纯净水依次倒入榨汁机中，搅打30~40秒成微稠状即可。

④ 将浓汤倒入碗中，撒上伊比利亚火腿粒即可。

Tips

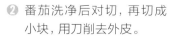

若不喜欢橄榄油的味道，可以换成芥花子油。

时间：20分钟　份量：2人份

玉米甜椒浓汤

热量　1900 千焦	蛋白质 19 克	脂肪 22 克	碳水化合物 70 克
454 千卡			

食材

谷物类

熟玉米粒	1/2 碗（约60克）

蔬果

红甜椒	2个
小红土豆	3个
洋葱	1/4 个

肉禽蛋奶

脱脂牛奶	200 克

调料

盐	少许
橄榄油	少许
黑胡椒粉	少许

Tips

可留少许的红甜椒丁和熟玉米粒作为装饰。

步骤

① 红甜椒、小红土豆和洋葱洗净；熟玉米粒和脱脂牛奶备用。

② 红甜椒和洋葱切丁；小红土豆去皮切丁。

③ 将小红土豆丁放入冷水中，微波炉高火加热8分钟。

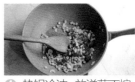

④ 热锅冷油，放洋葱丁煸香，加红甜椒丁和玉米粒，翻炒15秒盛出。

⑤ 小红土豆丁转熟后倒入料理机，加入翻炒好的红甜椒粒、玉米丁，倒入牛奶，混合打碎。

⑥ 将打好的汤料倒入容器中，加入盐和黑胡椒粉调味即可。

时间：20分钟　份量：2人份

布列舞风味汤

热量 2072 千焦	蛋白质 37 克	脂肪 24 克	碳水化合物 32 克
495 千卡			

食材

蔬果

熟豌豆	1碗（约200克）
胡萝卜	1根
洋葱	1/4个

肉禽蛋奶

鲜奶油	50毫升
鸡汤	250毫升

调料

盐	适量
橄榄油	适量
黑胡椒粉	适量
香草碎	适量

步骤

① 洋葱洗净；熟豌豆、胡萝卜和鲜奶油备用。

② 将胡萝卜和洋葱切成薄片。

③ 锅内倒入橄榄油，将胡萝卜片和洋葱片稍微煸炒一下。

④ 倒入鸡汤，大火烧开转小火，煮6~8分钟。

⑤ 再向锅中加入熟豌豆和鲜奶油，倒入料理机，混合打碎后倒入容器，加入盐、黑胡椒粉和香草碎调味即可。

时间：15分钟　份量：2人份

百香蜜瓜汤

热量	883 千焦	蛋白质 19 克	脂肪 2 克	碳水化合物 35 克
	211 千卡			

食材

蔬果

百香果	1个
哈密瓜	2段

肉禽蛋奶

养乐多	1罐

调料

新鲜薄荷叶	1把

Tips

也可以先将百香果过滤出果汁，再倒入养乐多中，但这样会浪费一些百香果汁。如果用小型榨汁机，建议分两次进行榨汁，这样就比较容易操作。

步 骤

① 薄荷叶洗净；百香果对半切开；哈密瓜和养乐多备用。

② 舀出百香果的果肉与养乐多一起放入料理机打碎。

③ 倒出搅打好的果汁，用过滤网过滤取汁。

④ 取一段哈密瓜，用挖勺挖出果球，放入盘中备用。

⑤ 将另一段哈密瓜切块，同时放入薄荷叶与过滤好的百香果养乐多果汁。

⑥ 将打碎的百香蜜瓜汤装入碗中，放上哈密瓜球和薄荷叶装饰即可。

时间：20分钟　份量：2人份

火腿南瓜汤

热量	871千焦	蛋白质 9克	脂肪 5克	碳水化合物 33克
	208千卡			

食材

蔬果

洋葱	1/8（约10克）
南瓜	1/2个（约300克）
哈密瓜	1块（约100克）

肉禽蛋奶

酸奶	1/2盒（约80克）
全脂牛奶	2勺（约20克）
伊比利亚火腿	少许

调料

盐	少许
纯净水	100毫升
普罗旺斯香草碎	少许

步骤

❶ 火腿切小块；哈密瓜切块；洋葱洗净切成丁；南瓜和牛奶等备用。

❷ 南瓜去皮去瓤，切成块，放入蒸锅中蒸约15分钟，蒸至熟软即可，不用蒸得过于软烂。

❸ 将蒸熟的南瓜与哈密瓜块放入料理机，加纯净水，倒入牛奶和酸奶，打成糊状后盛出。

❹ 将火腿丁和洋葱丁放入汤中，加盐和香草碎调味即可。

时间：15分钟　份量：2人份

蜜桃牛油果冷汤

热量　1612 千焦	蛋白质 16 克	脂肪 27 克	碳水化合物 20 克
385 千卡			

食材

蔬果

牛油果	1个
洋葱	1/4个
蜜桃	1/6个

肉禽蛋奶

全脂牛奶	200克
伊比利亚火腿1小块（约20克）	

调料

盐	1小勺
黑胡椒粉	1/2小勺
芥花子油	1小勺

Tips

伊比利亚火腿有着透明质感，还带有红玉般温润色泽，这丰盈的口感和幽幽的果甜，肥而不腻，瘦而不柴，实在美妙，可在进口超市购买。

步骤

❶ 洋葱洗净备用；火腿切丁；牛油果和全脂牛奶备用。

❷ 洋葱切丁；蜜桃去皮，切丁；牛油果去核，去皮，切丁。

❸ 热锅冷油，倒入洋葱丁，煸炒出香气。

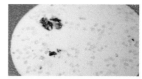

❹ 将备好的蔬果丁倒入锅中，再倒入牛奶稍煮后关火。

❺ 装入容器，加适量盐和黑胡椒粉调味。

❻ 稍放置几分钟，冷却后倒入料理机中搅打均匀，装入碗中即可。

PART 6

活力代餐杯

时间：30分钟　份量：1人份

莓果优酪乳

热量	1339 千焦	蛋白质 15克	脂肪 19克	碳水化合物 95克
	320 千卡			

食材

谷物类

焙朗饼干 　　　　　　　6块

蔬果

草莓 　　　　　　　　　3颗

肉禽蛋奶

优酪乳酸奶 　　　　　　2罐

Tips

除了草莓以外，蓝莓、树莓或蔓越莓等其他莓果都可以使用本方法制作莓果优酪乳，当然，冬春季用草莓制作口感尤其清鲜爽口。

步骤

① 草莓洗净，淡盐水浸泡后取出沥水；饼干和酸奶备用。

② 饼干掰成小块，垫在杯底，然后加入一层酸奶。

③ 草莓去蒂，切片，放在酸奶的上面，最后再铺一层酸奶。

④ 顶部可用草莓、饼干和薄荷叶装饰。

时间：20分钟　份量：1人份

柚子彩蔬梅森罐

热量　862千焦　206千卡
蛋白质 10克
脂肪 2克
碳水化合物 37克

食材

蔬果

混合生菜	1小把（约50克）
羽衣甘蓝	1小把（约20克）
芝麻菜	1小把（约10克）
熟鹰嘴豆	1小把（约20克）
红心柚	1/2个
金橘碎	小碟
樱桃萝卜片	小碟

黑醋冻

意大利黑醋	100克
吉利丁片	6克

步骤

❶ 蔬果洗净，沥干水分；其他食材备用。

❷ 红心柚带皮切薄片；冷水泡吉利丁1~2分钟。

❸ 黑醋加热至70℃，放入泡软的吉利丁片，冷却后放入冰箱冷藏；黑醋冻凝固后切成小块备用。

❹ 红心柚铺在杯边，放入一半的混合生菜、羽衣甘蓝、芝麻菜、樱桃萝卜片和熟鹰嘴豆。

❺ 杯中放入切成小块的黑醋冻。

❻ 再放入剩下的蔬果，撒上金橘碎即可。

Tips

大部分沙拉蔬菜的口感都较为清淡，适量加入芝麻菜，可以增香并丰富口感。

时间：15分钟　份量：1人份

橙柚叶菜
梅森罐

热量	1281 千焦
	306 千卡

蛋白质
5克

脂肪
12克

碳水化合物
42克

食材

蔬果

全叶生菜	1小把（约80克）
香橙	1/2个
红心柚	1/2个
苹果	1/4个

坚果

夏威夷果仁	6个

酱汁

血橙醋	1勺
橄榄油	1勺
小红洋葱末	适量
盐	少许
黑胡椒粉	少许

步骤

① 全叶生菜洗净，沥干水分；苹果、香橙、红心柚备用。

② 香橙和红心柚去皮，取果肉，用手轻轻掰碎。

③ 苹果洗净，带皮切成薄片；将酱汁列表中的食材混合成酱汁。

④ 将切好的食材与全叶生菜混合，装入容器中，加入夏威夷果仁，淋上酱汁即可。

时间：10分钟　份量：1人份

排毒蔬果酸奶

食材

谷物类

综合谷物麦片 3勺

蔬果

胡萝卜 1/3根

黄瓜 1/3根

丰水梨 1/3个

树莓 2个

薄荷叶 .... 少许

肉禽蛋奶

老酸奶 200毫升

热量	1277 千焦		蛋白质 10克	脂肪 10克	碳水化合物 45克
	305 千卡				

Tips

酸奶的益生菌可以促进肠道消化，而且口感清新又不失营养。还可以在酸奶杯中加入一些蓝莓、树莓等水果。

步骤

❶ 将所有蔬果清洗干净；谷物麦片倒入碗中备用。

❷ 将胡萝卜、黄瓜去皮（用到多少削皮多少）；丰水梨去皮，切除果核。

❸ 将以上蔬果食材切碎，如果希望口感更细腻的话可以用料理机打碎。取一个玻璃杯，将食材层层叠放。

❹ 一层酸奶，一层黄瓜碎；一层酸奶，一层胡萝卜碎；一层酸奶，一层梨；一层酸奶，一层麦片，最后点缀树莓和薄荷叶即可。

时间：30分钟　份量：2人份

低脂提拉
米苏冻

热量　2076 千焦	蛋白质	脂肪	碳水化合物
496 千卡	15 克	11 克	77 克

搭配
玫瑰露

食材

谷物类
原味吐司	1片

蔬果
黄桃	1个

肉禽蛋奶
老酸奶	1罐

酱汁
威士忌	5毫升
玫瑰露	10毫升
纯净水	50~60毫升

桃子果冻液
温水	50毫升
吉利丁片	2克
玫瑰露	少许
单一麦芽威士忌	少许

步骤

① 吐司去边切小块；黄桃洗净，去皮切块备用；老酸奶、威士忌和玫瑰露备用。

② 碗中倒入温水，放入吉利丁片，等吉利丁片变软后取出，倒入装有威士忌和玫瑰露的杯中，成果冻液。

③ 吐司块放入玻璃罐，酱汁列表中的材料混合成酱汁，舀出淋在吐司上。

④ 再均匀地倒入一层老酸奶。

⑤ 最后加入黄桃块，倒入桃子果冻液即可。

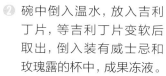

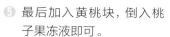

时间: 20分钟　份量: 1人份

荔枝马蹄爽

食材

蔬果

荔枝	10颗
新鲜马蹄	12个

调料

纯净水	600毫升

热量	862 千焦	蛋白质 10 克	脂肪 2 克	碳水化合物 36 克
	206 千卡			

步骤

❶ 新鲜马蹄用清水洗净。

❷ 马蹄削皮, 去根去蒂。

❸ 取荔枝剥壳备用。

❹ 将5颗荔枝、马蹄和少许纯净水放入破壁机中。

❺ 选择冰块模式, 搅打10秒左右, 可根据个人口味选择是否过滤。

❻ 剩余荔枝切丁, 放入马蹄爽中即可。

Tips

马蹄别名荸荠, 具有清热泻火的作用, 夏天饮用身心舒爽; 夏季荔枝上市, 选用新鲜荔枝制作本饮品, 口味更加鲜美。

时间：10分钟　份量：1人份

柚香莓果
活力杯

热量 1143 千焦	蛋白质	脂肪	碳水化合物
273 千卡	8 克	16 克	25 克

食材

蔬果

黑莓	12个（约50克）
树莓	8个（约30克）
柚子	1瓣（约100克）

坚果

核桃仁	20克

调料

原味酸奶	1罐

调料

80%可可脂黑巧克力	1小片

步骤

① 黑莓、树莓洗净，沥干水分；柚子去皮；核桃仁和酸奶备用。

② 将核桃仁掰小块，取一半装入杯中，然后加入黑莓和树莓（先不用搅拌，食用前再搅拌）。

③ 再将柚子用手掰碎，装入杯中。

④ 最后将酸奶倒入容器中，撒上另一半核桃碎，用黑巧克力装饰即可。

醋栗杂果酸奶杯

食材

蔬果

新鲜蓝莓	1小碗（约70克）
新鲜凤梨	2片（约50克）
芒果干	3片
醋栗	适量

肉禽蛋奶

无脂酸奶	200克

调料

柠檬姜果酱	适量

热量　1411 千焦
337 千卡

蛋白质
8 克

脂肪
2 克

碳水化合物
73 克

步骤

① 将蓝莓洗净，沥干水分，其他食材备用。

② 凤梨和芒果干均切成小丁备用。

③ 先将酸奶倒入杯内，再依次加入蓝莓、凤梨丁、芒果丁、醋栗和果酱。

④ 可根据个人喜好放入冰箱冷藏后食用。

Tips

醋栗又被称为灯笼果，果实酸甜适口，搭配酸奶制作蔬果杯口感清甜，摆盘也是点睛之笔。

时间：10分钟　份量：2人份

樱桃果蔬谷物

热量	1896 千焦
	453 千卡

蛋白质 10克	脂肪 7克	碳水化合物 90克

食材

谷物类

即食谷物圈	15克
即食燕麦	15克

蔬果

香蕉	2根
苹果	1/2个
小黄瓜	1/2个
芹菜	2根
樱桃果干	适量

酱汁

原味酸奶	50毫升
蜂糖浆	适量
橙汁	1勺

步骤

① 芹菜、小黄瓜和苹果洗净，沥水；香蕉、即食谷物圈、即食燕麦和樱桃果干备用。

② 将香蕉去皮，切成薄片。

③ 苹果带皮切小块，放入水中浸泡；芹菜焯水，切小段。

④ 小黄瓜对半切开，去子切成小块。

⑤ 将处理好的所有食材混合装杯，酱汁列表中的材料混合，淋在食材上即可。

时间：20分钟　份量：1人份

时蔬麦片碗

热量　1113 千焦	蛋白质 10 克	脂肪 4 克	碳水化合物 51 克
266 千卡			

食材

谷物类

麦片	50克

蔬果

南瓜	1/2个（约130克）
荷兰豆	25克
白花椰菜	50克
洋葱	1/4个（约70克）

酱汁

樱桃酱	1勺
酸奶	2勺
盐	少许
黑胡椒粉	少许

Tips

花椰菜简单冲洗后，用盐水浸泡10分钟能洗得更干净；焯水时间一般控制在8分钟内，时间过长，过于熟软，口感不佳。

步骤

❶ 麦片装碟；蔬果洗净，沥干水分备用。

❷ 南瓜蒸熟后放凉，去皮切块。

❸ 白花椰菜切小块，荷兰豆去头尾，一起放入锅中，焯水断生。

❹ 洋葱切碎，备用。

❺ 将酱汁列表中的所有食材混合，拌匀成沙拉酱。

❻ 将所有处理好的蔬菜与麦片装入碗中，然后淋入酱汁即可。

时间：20分钟　份量：1人份

蜜桃绿蔬沙拉杯

热量	695 千焦	蛋白质 5 克	脂肪 1 克	碳水化合物 38 克
	166 千卡			

食材

蔬果

红绿叶生菜	60克
茄子	2条
水蜜桃	1个
金雀花	30克

调料

盐	少许
酒酿	少许
黑胡椒粉	适量

Tips

茄子一定要焯水至熟透，即用筷子能捅破的状态；金雀花是一种可食用花材，缀上一些，让沙拉更为悦目。

步骤

① 茄子洗净，沥干水分；水蜜桃、金雀花、生菜备用。

② 茄子切段后放入沸水中约10分钟，焯熟后捞出晾干，去皮备用。

③ 水蜜桃去皮去核，切成丁。

④ 茄子撕成长条，加盐、黑胡椒粉、酒酿调味；金雀花焯水后和所有材料拌在一起即可。

甜杏综合谷物

食材

谷物类

即食谷物圈	30克
即食燕麦	30克
即食混合谷物	30克

（黑麦、水果干、南瓜子仁、扁桃仁等）

蔬果

杏子	3个
樱桃果干	10克

肉禽蛋奶

牛奶	150克

调料

肉桂粉	适量

热量	1905 千焦
	455 千卡

蛋白质 14 克　脂肪 11 克　碳水化合物 76 克

Tips

樱桃果干中所含的营养成分能滋养身体，同时它也是天然的抗氧化剂；肉桂粉可根据个人喜好增减，或者不放。

步骤

❶ 樱桃果干、杏子洗净，沥干水分；即食谷物圈、混合谷物、即食燕麦备用。

❷ 杏子沿果核从中间切开，旋转掰开。

❸ 杏子掰开后，切成块，去皮。

❹ 将牛奶倒入杯中，加入谷物类食材、杏子、樱桃果干和肉桂粉，混合拌匀即可。

PART 7

健康茶点

时间：40分钟　份量：2人份

水晶桂花卷

热量 2059 千焦	蛋白质 1 克	脂肪 9 克	碳水化合物 102 克
492 千卡			

食材

食材

马蹄粉	125克

调料

纯净水	500克
冰糖	50克
芥花子油	1勺
干桂花	少许

Tips

桂花卷宜趁热食用，芥花子油味淡，能更好地衬托出桂花的香气。马蹄粉是淀粉类产品，呈白色颗粒状，具有马蹄（又名荸荠）特有的香味。平常我们所见的马蹄糕，也是用马蹄粉制成的。

步骤

① 准备好马蹄粉、冰糖、芥花子油、干桂花；纯净水分成等量的两份备用。

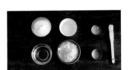

② 一半水煮沸，倒入马蹄粉中，搅拌至无颗粒状；另一半水煮沸，加入冰糖，小火煮至熔化。

③ 糖水倒入马蹄糊中，边倒边搅拌，再用滤网过筛糖水马蹄糊。

④ 在盘子上刷一层芥花子油，舀一勺搅拌好的糖水马蹄糊在盘中。

⑤ 沸水煮开，放上糖水马蹄糊，盖上盖子，隔水大火蒸5分钟。

⑥ 取出糖水马蹄糊，趁热撒上干桂花，趁热，将有桂花的一面朝里，慢慢卷起来。切成小卷，摆盘，撒干桂花点缀即可。

时间：35分钟　份量：4人份

茉莉花茶
香莓果

食材

谷物类
西米	1小碗（约200克）

蔬果
茉莉花茶	10克
蔓越莓果干	1小把

调料
开水	400毫升
冰糖	2粒

其他
粽叶	32张
棉绳	16根

Tips

包好的成品遇水则烂，不能入水煮，必须隔水蒸制。刚煮完的西米黏糯，不能马上剥开，需冷藏一晚，水分吸收后再剥取食用。

热量　1390千焦	蛋白质 48克	脂肪 13克	碳水化合物 7克
332千卡			

步骤

❶ 茉莉花茶用90℃水（开水稍晾）冲泡，滤取第二泡茶水100毫升。

❷ 在茶水碗中放入冰糖搅拌至溶化。

❸ 水温降到约60℃时，倒入西米中，浸泡5分钟，让西米充分吸水。

❹ 蔓越莓切小粒，待用；两张粽叶层叠，弯成圆锥漏斗形。

❺ 先放入1/3的西米，压紧，在中间放入蔓越莓果干，再用西米填平。

❻ 粽叶翻折包裹，棉绳扎紧，锅中倒水煮开，开小火隔水蒸包好的成品，蒸25分钟。冷却后放入冰箱冷藏。

时间：20分钟　份量：1人份

薄荷紫苏牛油果

热量	904 千焦	蛋白质 3 克	脂肪 16 克	碳水化合物 19 克
	216 千卡			

食材

蔬果

牛油果	1/2 个
白萝卜	80~100 克

调料

甘草柠檬王（咀香园）2片	
紫苏叶	1 片
薄荷叶	4 片
海盐	少许
柚子醋	1 勺

步骤

① 白萝卜去皮；紫苏叶洗净，沥干水分；牛油果备用。

② 牛油果去核，用勺子将完整的牛油果果肉取出。

③ 白萝卜切丁，倒入料理机中，打成白萝卜泥；甘草柠檬王和薄荷叶切碎；紫苏叶切丝。

④ 甘草柠檬碎和薄荷叶碎与白萝卜泥混合拌匀，做成球形，放在牛油果果核处。缀紫苏叶丝装饰，食用时淋上柚子醋和海盐即可。

时间：120分钟　份量：1人份

夏威夷蔬食脆片

热量	1829 千焦	蛋白质 13 克	脂肪 14 克	碳水化合物 65 克
	437 千卡			

食材

蔬果

洋葱末	20克
芹菜末	10克
大蒜末	5克
红芸豆	50克
牛油果	1/2个

酱汁

甜椒粉	少许
樱桃莎莎酱	2勺
樱桃果干	10克

调料

血橙橄榄油	2勺
玉米片（非油炸）	适量
小茴香碎	少许

Tips

红芸豆提前一晚浸泡，至少6~8小时，煮出来的红芸豆才会酥软；血橙橄榄油带有浓郁的橙子香气，可以用普通橄榄油加新鲜橙子皮碎替代，可以用非油炸薯片替代玉米片。

步骤

① 玉米片、牛油果、红芸豆、樱桃果干和蔬菜末备用。

② 红芸豆煮熟，大火烧开转小火煮1~1.5小时。

③ 牛油果去核，用勺子将果肉取出，并切成丁。

④ 锅内倒入橄榄油，油热后加入蔬菜末，炒至断生后盛出备用。

⑤ 将处理过的蔬果食材倒入容器内混合拌匀，淋上混合好的酱汁制成沙拉。

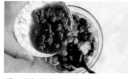

⑥ 撒小茴香碎装饰，放入玉米片佐沙拉食用即可。

牛油果橘米芭芭露

热量 1754 千焦	蛋白质 16 克	脂肪 19 克	碳水化合物 48 克
419 千卡			

食材

谷物类

米饭   1/3 碗（约 40 克）

蔬果

牛油果   1/4 个

肉禽蛋奶

脱脂牛奶   200 毫升

调料

赤砂糖	15 克
金橘碎	10 克
吉利丁片	8 克
芥花子油	适量
柠檬姜酱	适量
薄荷叶	适量

步骤

① 牛油果去核；柠檬姜酱、白米饭、赤砂糖备用。

② 米饭用纯净水冲洗，去掉黏性，备用。

③ 牛奶放微波炉加热，高火2分钟，取出稍放凉后加入赤砂糖与吉利丁片。

④ 赤砂糖和吉利丁片溶化后，加入白米饭和金橘碎，搅拌均匀；牛油果去皮，切丁备用。

⑤ 容器内涂抹芥花子油，将混合好的牛奶液倒入容器中，加入牛油果丁搅拌，放入冰箱冷藏4~6小时。

⑥ 冷藏后取出倒扣于盘中，淋上柠檬姜酱，缀薄荷叶装饰即可。

Tips

牛奶也可倒入小奶锅中明火加热，加热至70~80℃即可；建议选用赤砂糖，成品口感不会过于甜腻。

时间：50分钟　份量：4人份

无油麦片土豆虾

热量 4316 千焦	蛋白质 51 克	脂肪 19 克	碳水化合物 164 克
1031 千卡			

食材

谷物类

麦片	150克

蔬果

土豆	3个
菠萝片	1片

肉禽蛋奶

明虾	6只
鸡蛋	1个

调料

淀粉	1碟
甜辣酱	1碟
盐	适量
白糖	适量
黑胡椒粉	适量

Tips

去虾线时用牙签插进虾背部的第三节（虾头下方为第一节），即可轻松将虾线挑出，力道要均匀，用力过猛会使虾线断裂。

步骤

① 准备好菠萝片、麦片和所有调料，鸡蛋、土豆和明虾洗净备用。

② 菠萝片切丁；鸡蛋磕入碗中，搅拌成蛋液；麦片用擀面杖碾碎备用。

③ 明虾去头和虾线，剥壳留尾。

④ 土豆去皮切块，放入锅内，倒水煮至酥软。

⑤ 趁热加入盐、黑胡椒粉、白糖，压成土豆泥，过筛，筛掉颗粒。

⑥ 取少许土豆泥，摊平，放上处理好的明虾和菠萝丁，包裹住食材，留出虾尾。

⑦ 将包裹土豆泥的明虾蘸满淀粉，再蘸满蛋液，裹上麦片碎，放入预热185℃的烤箱，中层上下火175℃烤20分钟。佐甜辣酱即可。

时间：35分钟　份量：2人份

巴厘椰香南瓜冻

热量	1725 千焦		蛋白质 5 克	脂肪 21 克	碳水化合物 42 克
	412 千卡				

食材

谷物类

玉米淀粉 1 小碗（约 55 克）

蔬果

南瓜　　　　　　　　1 片

肉禽蛋奶

椰奶　1 盒（约 270 毫升）

调料

白糖	80 克
盐	1 克
香兰叶	1 片
香草荚	1 根
纯净水	100 毫升
黄油	1 小块

步骤

① 将香兰叶清洗干净，打小结；其他食材备用。

② 南瓜洗净去皮去子，放在蒸锅上隔水蒸 10 分钟，将蒸好的南瓜放入碗中，用木勺压成南瓜泥。

③ 小奶锅中倒入椰奶，加入白糖和盐，再放入香兰叶结，煮 5 分钟后关火。

④ 将玉米淀粉倒入小奶锅中，加纯净水与椰奶混合，迅速搅拌至浓稠，开小火煮30 秒。

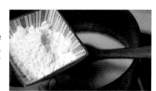

⑤ 将椰奶倒入搅拌盆，放入南瓜泥，混合搅拌均匀后倒在透明碗中（先在碗内抹上薄薄一层黄油）。

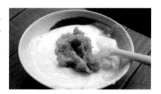

⑥ 用刀刮香草荚，刮出香草籽，用牙签均匀搅散在椰浆南瓜泥顶部。

Tips

喜欢口感弹滑的，可以在加热的椰奶里再放入几片泡软的吉利丁片，而且冷冻后脱模也会更方便。

⑦ 将椰浆南瓜泥放入冰箱冷藏一晚，隔天拿出，先用热毛巾在碗外微微敷几秒钟，轻轻倒扣出即可。

核桃南瓜派

热量	7066 千焦	蛋白质 40 克	脂肪 158 克	碳水化合物 90 克
	1688 千卡			

食 材

派皮

低筋面粉	160克
无盐黄油	65克
白糖	15克
盐	1克
纯净水	40~45克

馅料

小南瓜	1/2个（约120克）
奶油芝士	70克
鲜奶油	50克
黄油	10克
白糖	25克

鸡蛋	1个
低筋面粉	15克
核桃仁	100克
新鲜蓝莓	12颗

工具

10英寸派盘	1个

步骤

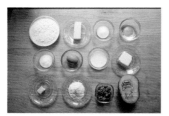

① 将所有食材按照派皮和馅料分好类，备用。

② 将派皮材料倒入搅拌器中，加入软化的无盐黄油小块，使其和派皮材料混合成"饼干碎"状，备用。

③ 将"饼干碎"状黄油粒，倒入玻璃盆，加纯净水，翻拌成团，盖保鲜膜静置10~15分钟。

④ 将面团用擀面杖擀成圆形，轻扣在派盘上，四周轻轻按紧，用擀面杖用力在派盘边缘滚压，去除多余的派皮。

⑤ 稍按压派皮使其贴合模具，用叉子在底部派皮插小孔，把派盘放入烤箱。

⑥ 放上油纸，铺上堇青石（烘焙专用），烤箱预热175℃后中层烤15分钟。

⑦ 开始做馅料。取一半核桃仁放入研磨搅拌器，研磨至颗粒状（颗粒大小视个人口感而定），倒出备用。

⑧ 鸡蛋和白糖倒入搅拌杯，用打蛋器打匀倒出备用。

⑨ 南瓜切块隔水蒸8~10分钟后倒入搅拌杯，搅拌成南瓜泥备用。

⑩ 将除蓝莓外的剩余馅料食材一起倒入搅拌机中，倒入蛋液和南瓜泥，搅打至完全融合。

⑪ 南瓜内馅倒入烤盘的派皮内，铺满底部。用核桃碎铺满内馅表面。

⑫ 中间码上蓝莓。烤箱预热175℃，送入中层烤12~15分钟，取出即可。

时间：35分钟　份量：2人份

水梨面包布丁

热量	1900 千焦	蛋白质 10 克	脂肪 7 克	碳水化合物 90 克
	454 千卡			

食材

谷物类

吐司	4 片

蔬果

雪梨（去皮）	半个
杏脯	2 个
蔓越莓果干	1 小把

肉禽蛋奶

牛奶	190 克
鸡蛋	3 个

调料

朗姆酒	20 毫升
白糖	35 克
香草粉	适量
黄油	适量（涂抹用）

步骤

① 吐司去四边，切成方形小块；黄油隔水加热半熔化后，用刷子涂抹陶瓷烤盘。

② 杏脯和蔓越莓果干用20克牛奶浸泡，加入10毫升朗姆酒。

③ 鸡蛋、牛奶、10毫升朗姆酒、香草粉、白糖放入搅拌碗内搅打成鸡蛋牛奶糊。

④ 将浸泡好的吐司块和切好的雪梨块放入陶瓷烤碗，再放入切开的杏脯和蔓越莓果干，倒入鸡蛋牛奶糊。

⑤ 烤箱提前预热，放入陶瓷烤碗，170℃烤30~35分钟，烤至吐司表面金黄微焦色即可。

时间：35分钟　份量：3人份

西伦凯斯

热量 1113 千焦	蛋白质 10 克	脂肪 4 克	碳水化合物 60 克
266 千卡			

食材

蔬果

西瓜	1个
杏脯	3粒

调料

爱曼塔切片干酪	3片
薄荷叶	3片
无花果黑醋	1勺

步骤

① 准备好所有食材，西瓜可以提前放在冰箱冷藏半小时。

② 西瓜对半切开，再切出厚圆片待用。

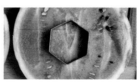

③ 用六边形模具刻出3片西瓜，放入盘中。

④ 使用相同的模具切割干酪片。

⑤ 将干酪片铺在西瓜片上，放上杏脯，顶端缀一片薄荷叶。

⑥ 勺子上倒少量黑醋，淋在薄荷叶上。用同样方法做出另外2个即可。

Tips

除了用西瓜外，也可以用哈密瓜、凤梨等水果。这些水果鲜爽多汁，搭配干酪片，入口浓郁鲜爽。

时间：35分钟　份量：4人份

玛德琳

热量	1896 千焦	蛋白质	脂肪	碳水化合物
	453 千卡	10克	7克	90克

食材

谷物类

低筋面粉	80克

肉禽蛋奶

Kiri奶油芝士	50克
黄油	20克
鸡蛋	75克
奶粉	6克
牛奶	5克
炼乳	8克

调料

白糖	60克
泡打粉	2克
柠檬汁	3克
杏仁力娇酒	5克
植物油	适量

步骤

① 鸡蛋磕入碗中，搅打成蛋液；其余食材备用。

② Kiri奶油芝士和黄油均放于搅拌盆中，室温软化，打发至蓬松细腻。

③ 加白糖，打发至溶化，少量多次加蛋液，每次拌匀后再另加。放炼乳、牛奶、柠檬汁和力娇酒，拌匀。

④ 依次筛入所有粉类，翻拌至无颗粒状的奶油芝士糊。

⑤ 模具擦油，挤入奶油芝士糊，烤箱预热180℃，中层上下火烤15~17分钟，出炉放凉后即可轻松脱模。

时间：35分钟　份量：5人份

素味马介休

热量 2888 千焦	蛋白质 22 克	脂肪 22 克	碳水化合物 101 克
690 千卡			

食材

谷物类

淀粉 2勺

薯类

土豆 2个

肉禽蛋奶

鸡蛋 1个

调料

橄榄油 .... 适量

普罗旺斯香料 1小勺

盐 .... 适量

面包糠 80克

Tips

马介休是一种葡萄牙炸鳕鱼条，用土豆代替鳕鱼做成素味马介休，味道也很不错。食用时可适当蘸取番茄酱或甜辣酱，味道更佳。

步骤

❶ 土豆洗净，削皮切小块，放入搅拌碗，加水没过土豆块。

❷ 放微波炉高火加热8分钟，取出后倒去水拌成泥，加热8分钟。

❸ 在土豆泥中拌入盐和香料，用2个勺子堆叠塑成橄榄型。

❹ 手中抓适量淀粉，轻轻抹在土豆泥块上，并一一放入盘中。

❺ 将做好的马介休滚上搅打好的蛋液，放在面包糠里滚一圈。

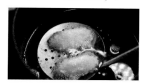

❻ 油锅烧热，放入马介休，待到颜色金黄时捞出，放在厨房纸上沥去多余的油即可。

PART 8

能量
果蔬汁

时间：10分钟　份量：1人份

龙眼香柠
橙汁

热量	1214 千焦	蛋白质 4 克	脂肪 1 克	碳水化合物 69 克
	290 千卡			

食材

蔬果

香橙	1个
柠檬	1/2 个
龙眼	200克

调料

汤力水	120毫升

Tips

龙眼的甜味浓郁，加上甜美的橙肉，果汁无需再添加糖类；柠檬可用小青柠、普通青柠替换，无论是在榨汁之前滴入还是在榨汁之后滴入柠檬汁，都可以让果汁变得很鲜爽，且不易氧化。

步骤

① 准备好所有食材（可以将龙眼和汤力水冷藏再取用）。

② 龙眼剥去外壳，再去掉果核备用。

③ 香橙切块后去皮，去白芯；柠檬切开后，去子备用。

④ 将处理好的龙眼、香橙放入榨汁机中，加入汤力水，再挤入少许新鲜柠檬汁。

⑤ 榨汁完成后，倒入杯中即可。可以根据个人口味在杯中缀入薄荷叶，口感更佳。

时间：10分钟　份量：2人份

胡萝卜苹果姜饮

热量	645 千焦	蛋白质 1 克	脂肪 1 克	碳水化合物 37 克
	154 千卡			

食材

蔬果

青苹果	100克
胡萝卜	40克

调料

汤力水	200毫升
蜂蜜	1勺
生姜	10克

Tips

处理蔬果时可以最后将苹果去皮切块，以免氧化变黑；青苹果口感清爽，若喜欢更甘甜的口感也可以替换成蛇果。苹果和胡萝卜的搭配是比较清爽可口的，如果希望增加甜度，可以再加入雪梨。

步骤

❶ 青苹果、胡萝卜、生姜和汤力水(已冷藏半小时)备用。

❷ 胡萝卜去皮，切成滚刀块，放入锅中，焯水至熟(约6分钟)。

❸ 用刀轻轻削去生姜皮(较大块的生姜可以用削皮器去除)再切块。

❹ 青苹果去皮、切块，然后切成三个圆圆的薄片，轻轻对折后，中间插入牙签固定。

❺ 蔬果粒倒入榨汁机，加汤力水榨汁，完成后倒入杯中加蜂蜜。

时间：10分钟　份量：1人份

蜜桃香瓜
芭乐汁

热量	1034 千焦	蛋白质 4 克	脂肪 2 克	碳水化合物 63 克
	247 千卡			

食材

蔬果

香瓜	100克
蜜桃	1个
芭乐	1个

调料

纯净水	100毫升

Tips

芭乐也叫番石榴，吃起
来口感清爽脆甜；熟的
芭乐软糯细腻，且甘甜
多汁，果肉柔滑，很适合
榨汁饮用。

步骤

① 芭乐、蜜桃洗净，香瓜备用。

② 香瓜去子，去皮，切块；蜜
桃切瓣，去皮。

③ 芭乐去子，去皮，切块。

④ 将所有处理好的食材倒入
榨汁机中，加纯净水榨成
汁即可。

时间：10分钟　份量：2人份

百香火龙雪梨汁

热量 1055 千焦	蛋白质 3 克	脂肪 2 克	碳水化合物 60 克
252 千卡			

食材

蔬果

火龙果	150克
雪梨	150克
百香果	1/2个

调料

汤力水	120毫升

步骤

❶ 准备好所有食材，百香果事先对切备用。

❷ 火龙果去皮（先用刀切出一个小口子，再撕去外皮），切成小块备用。

❸ 雪梨去皮，切成小块；百香果用勺子舀出果肉；将以上食材一同放入榨汁机。

❹ 在榨汁机中倒入汤力水榨成汁即可。

Tips

百香果中有黑色的核，直接搅打放置片刻后，果核会自动沉底。汤力水用之前可先冷藏，风味更佳。

时间：10分钟　份量：2人份

芭乐香蕉
雪梨汁

热量	1339 千焦
	320 千卡

（蛋白质 5克）（脂肪 1克）（碳水化合物 94克）

食材

蔬果

香蕉	2个
雪梨	1/2个
芭乐	1/2个

调料

纯净水	100毫升

Tips

芭乐本身富含丰富的营养成分，维生素C含量较高。新鲜芭乐脆嫩爽口，可直接生吃，也可榨汁；芭乐还可以制作成果酱、果冻等。

步骤

① 切好的芭乐、洗净的雪梨和香蕉备用。

② 雪梨削去皮后，切成小块。（如果喜欢口感甜的可以多准备一些。）

③ 芭乐去子后，去掉外皮后再切成丁。

④ 将所有处理好的食材倒入榨汁机中，加纯净水榨成汁即可。

时间：10分钟　份量：2人份

薄荷香蕉
哈密瓜饮

热量	925 千焦	蛋白质	脂肪	碳水化合物
	221 千卡	6克	2克	44克

食材

蔬果

哈密瓜	220克
香蕉	1根

肉禽蛋奶

低脂牛奶	150毫升

调料

薄荷叶	少许

步骤

❶ 哈密瓜和香蕉备用；薄荷叶清洗干净后，沥干水分，放入盘中。

❷ 哈密瓜去子，去皮，切成拇指大小的块。

Tips

香蕉比较容易氧化，所以不宜冷藏，可将低脂牛奶先放入冰箱冷藏半小时。如食材本身甜度不够，可加入适量蜂蜜。将低脂牛奶替换成口味酸甜的养乐多，也是不错的选择。

❸ 香蕉去皮后切成小块，然后放入榨汁机中。（香蕉比较容易氧化，所以去皮后要立即放入榨汁机中。）

❹ 在榨汁机中倒入低脂牛奶，加薄荷叶榨汁即可。（如果不喜欢薄荷的口感也可以不加。）

时间：10分钟　份量：1人份

排毒五青汁

热量	314 千焦
	75 千卡

蛋白质
2 克

脂肪
1 克

碳水化合物
15 克

食材

蔬果

苦瓜	1/2 根
青甜椒	1/2 个
青苹果	1/4 个
小黄瓜	1 个
芹菜	1 小段

调料

纯净水	100毫升

Tips

喜欢清爽的口感，可以多放点黄瓜。榨汁过程中不要用滤网过滤，全部打碎，五青汁中的膳食纤维有助于排毒。

步骤

① 将蔬果洗净沥干水分，芹菜切成小段，其余蔬果备用。

② 苦瓜横向切成小片。如果不太喜欢苦瓜的味道，可以少切一些。

③ 小黄瓜切片备用。

④ 青甜椒对半切开，去子，切成小块。青苹果去核后切小块备用。

⑤ 将所有蔬果食材倒入榨汁机中，加纯净水榨成汁即可（夏天的话可以直接加入冰水）。

时间：10分钟　份量：2人份

凤梨西瓜汁

热量	812 千焦		蛋白质	脂肪	碳水化合物
	194 千卡		2 克	1 克	42 克

食材

蔬果

凤梨	3块（约300克）
西瓜	1块（约200克）
柠檬	1片

调料

纯净水	1杯（约100毫升）

步骤

❶ 将西瓜尽量切得薄一些；凤梨直接可以吃。

❷ 用牙签将西瓜子一一去掉，切成小块。

❸ 凤梨切成约拇指粗细的小块备用。

❹ 将西瓜块和凤梨块倒入榨汁机中，加入纯净水榨成汁即可。

Tips

西瓜含糖量较高，可以根据个人瘦身计划增减用量，一般不要超过300克；两种水果的比例也可根据个人口味调整。饮用时可将柠檬片挤汁，酸酸甜甜口味更佳。

时间：10分钟　份量：2人份

芦荟黄瓜
猕猴桃汁

热量　1247千焦	蛋白质 2克	脂肪 2克	碳水化合物 69克
298千卡			

食材

蔬果

芦荟（食用）	40克
黄瓜	2根（150克）
猕猴桃	1个

调料

汤力水	200毫升

Tips

青绿猕猴桃口感鲜爽，黄
心猕猴桃口感甜美，可按
个人喜好选用。

步骤

① 准备好所有蔬果，汤力水
可以先放冰箱冷藏半小时。

② 黄瓜去皮后，切成小块。

③ 先将猕猴桃对半切开，然
后去皮（用勺子轻旋就可
以轻松去皮），再切成小块。

④ 芦荟去皮（新鲜芦荟用刀
切一条小线，然后挤出芦
荟肉即可），再将芦荟肉切
成小块。

⑤ 将所有处理好的食材倒入
榨汁机中，加入汤力水榨
成汁即可。

时间：10分钟　份量：3人份

雪甜菠柠蜂蜜汁

热量	1875 千焦		蛋白质 5克	脂肪 1克	碳水化合物 112克
	448 千卡				

食材

蔬果

雪梨	2个
甜瓜	1/2个
菠萝	3片
柠檬	1/2个

调料

蜂蜜	适量

Tips

小青柠的甜度较柠檬高一些，可将柠檬替换为小青柠；雪梨、菠萝、甜瓜的比例可根据个人口味调整，用量也可按家中料理机容量大小作适度调整。

步骤

❶ 将蔬果食材准备好。

❷ 甜瓜切开，去子，去皮，切小块。

❸ 雪梨去皮，对半切开，去核，切小块。

❹ 柠檬去皮，对半切开，去子，切小块。

❺ 菠萝切小块。

❻ 将所有处理好的食材倒入榨汁机中榨汁，将果汁倒入杯中，加入蜂蜜即可。

图书在版编目（CIP）数据

享瘦轻食 / 鱼菲著 . -- 南京：江苏凤凰科学技术出版社，2019.6（2020.1 重印）
（汉竹·健康爱家系列）
ISBN 978-7-5713-0187-3

Ⅰ.①享… Ⅱ.①鱼… Ⅲ.①减肥 - 食谱 Ⅳ.① TS972.161

中国版本图书馆 CIP 数据核字（2019）第 052821 号

中国健康生活图书实力品牌

享瘦轻食

著　　　者	鱼　菲	
主　　　编	汉　竹	
责 任 编 辑	刘玉锋　黄翠香	
特 邀 编 辑	徐键萍　许冬雪	
责 任 校 对	郝慧华	
责 任 监 制	曹叶平　刘文洋	

出 版 发 行	江苏凤凰科学技术出版社
出版社地址	南京市湖南路 1 号 A 楼，邮编：210009
出版社网址	http://www.pspress.cn
印　　　刷	南京新世纪联盟印务有限公司

开　　　本	720mm×1 000 mm　1/16
印　　　张	10
字　　　数	200 000
版　　　次	2019 年 6 月第 1 版
印　　　次	2020 年 1 月第 2 次印刷

标 准 书 号	ISBN 978-7-5713-0187-3
定　　　价	39.80 元

图书如有印装质量问题，可向我社出版科调换。